国家骨干高职院校
省级示范性高职院校　**建设项目成果**

Shuiyun Guanli Zhuanye Jiaoxue Biaozhun yu Kecheng Biaozhun

水运管理专业教学标准与课程标准

广东交通职业技术学院　**组织编写**

蔡佩林　方风平　**主　编**
涂建军　**副主编**
王腊娣　**主　审**

人民交通出版社

内 容 提 要

本书由广东交通职业技术学院组织编写。全书共包括两部分，分别为：水运管理专业教学标准和水运管理专业课程标准。

本书可用于指导水运管理专业人才培养方案的设计与课程开发，还可作为该专业教材编写的参考资料。

图书在版编目（CIP）数据

水运管理专业教学标准与课程标准/蔡佩林，方风平主编．—北京：人民交通出版社，2011.6
ISBN 978-7-114-09105-6

Ⅰ.①水… Ⅱ.①蔡… ②方… Ⅲ.①水路运输管理-高等职业教育-教学参考资料 Ⅳ.①F550.6

中国版本图书馆 CIP 数据核字（2011）第 089042 号

书　　名：水运管理专业教学标准与课程标准
著 作 者：蔡佩林　方风平
责任编辑：杨　川
出版发行：人民交通出版社
地　　址：(100011) 北京市朝阳区安定门外外馆斜街 3 号
网　　址：http://www.ccpress.com.cn
销售电话：(010) 59757969，59757973
总 经 销：人民交通出版社发行部
经　　销：各地新华书店
印　　刷：北京鑫正大印刷有限公司
开　　本：787×1092　1/16
印　　张：8.25
字　　数：187 千
版　　次：2011 年 6 月　第 1 版
印　　次：2011 年 6 月　第 1 次印刷
书　　号：ISBN 978-7-114-09105-6
定　　价：25.00 元

序

广东省是海洋大省,地处沿海、河流交错,水路运输资源丰富、航道发达。全省14个沿海港口,9个内河港区,形成了珠江三角洲地区、粤东和粤西地区的分区域港口群,为建设海洋强省奠定了基础。广东省亦是外贸大省,2010年进出口贸易额达7 846亿美元,其中,90%以上外贸进出口货物主要通过水路运输。目前集装箱、原油、矿石、煤炭、粮食以及油气运输系统基本形成。珠三角港口群已成为世界上规模最大、发展最快的港口群之一。随着国家关于加快水路运输发展决策的实施及广东省"世界先进制造业及现代服务业基地"的形成,水路运输在广东省综合运输中的地位将更加凸显,发展将更大有作为。

广东交通职业技术学院已有50多年悠久的办学历史,其中水运管理专业为广东港航业培育了一批又一批优秀的专业人才。学院自2006年成立校企合作理事会以来,坚持培养实用型人才理念,走校企合作办学之路,校企合作开展时间早、范围广、程度深,目前已经形成了"实行全方位深层次紧密型校企合作,走交通特色产学研结合发展之路"的办学特色。2010年,学院水运管理专业顺利通过广东省教育厅省级示范专业验收,同时国际航运管理专业遴选为教育部中央财政支持的特色专业。在此前良性发展的基础上,学院结合企业实际和教学经验编著了《水运管理专业教学标准与课程标准》,这些专业教学标准和课程标准是长期校企合作的成果,也是各位专业教师深入企业实践调研学习交流的心得,符合广东省地方航运企业的管理实际,对提升高职课程的实用性和学生专业学习的拓展性等方面,有着很好的引导和规范作用;对提高教学质量,培养适用人才具有很强的参考价值和教学指导意义。

在此,我衷心希望这套教学标准和课程标准能够在专业教学中起到提纲挈领的作用,成为水运管理专业教材编写、教学评估、考试命题的依据;衷心希望广东交通职业技术学院为广东省港航业培养更多的优秀专业人才。

广东省航运集团董事长、党委书记 刘伟清

2011年4月

前　言

广东交通职业技术学院水运管理专业创建于1960年,1999年升格为高职专业。2004年批准为院级重点专业。2005年遴选为广东省高职高专示范性建设专业。2006年起扩大对安徽、河南等中部省份的招生规模,支持国家实施“中部崛起”战略;2010年顺利通过广东省教育厅省级示范专业验收。目前,已为社会输送了2 000多名优秀毕业生,其中大部分毕业生已成为我省水运事业的骨干力量,许多毕业生走上了各级领导和重要技术岗位。水运管理专业经过50年的建设和发展,已积累了丰富的办学经验,在广东省水路运输行业享有良好的声誉。

专业教学标准是规范专业建设、专业教学,以及进行专业评估的指导性文件。它具体规定了专业培养目标、职业领域、人才培养规格、职业能力要求、课程结构、实训条件及教学安排、技能考核项目与要求等内容,它的制定和执行在专业教学中起到了纲举目张的作用;而课程标准则需要忠实地执行专业教学标准的要求和理念,它具体规定了课程对学生的培养要求,给出了学生的工作任务和知识模块,以及实训与教学的计划安排。专业教学标准和课程标准的制定和执行改变了传统高职教育的模式,使得水运管理专业的教学理念定位更加准确,即必须是服务于广东省水路运输行业,与港航企业开展紧密的工学结合,培养港航企业好用、能用的高素质技能人才。虽然近年来高职教育新理念新方法不断涌现,在国家级示范性高职院校,中央财政支持的高职特色院校建设过程中,都涌现出一大批优秀的高职专业,总结出了很多专业教学标准和课程标准,但据了解,在水路运输相关高职专业中,成系统的专业教学标准和项目课程标准还不多见。这也激励我们的教学团队努力制定好一套有借鉴价值、可推广使用的专业教学标准和课程标准。

水运管理专业教学标准的制定经历了一个长期的完善过程。专业教学标准必须结合行业发展的现状和发展趋势,依据高等职业技术教育规律和专业课程特点制定和设计。从2006年开始,学院领导和专业教师就开始专业教学标准的调研,通过与水运企业领导、企业一线员工座谈,发放调查问卷,电话、邮件沟通等方式,对港航企业不同岗位员工的工作过程和工作任务进行分析,形成了《水运行业人才资源及职业技能素质状况调查问卷统计分析报告》,得出水路运输类专业学生的核心职业能力。目前水运管理专业教学标准体现了广东省港航企业、行业部门的一些特色和我们对高职教育的理解。

在课程标准制定方面,我们结合校内实训设备,教材,教师专业方向,按照固定范式、在专业教学标准的指导下完成各门专业核心课程标准。相比以前的人才培养方案,根据行业发展,我们对专业课程进行了大调整,根据学生就业方向以及企业的职业技能要求,将专业课程分为港航物流、船舶服务、货运服务、行业管理能力模块以及专业拓展能力模块,重新构建专业课程体系,在港航企业专家的一同努力下,目前已完成27门专业课程标准的制定工作。

水运管理专业教学标准和课程标准制定之后,按照学院要求,人才培养方案需与之进行对接,真正将标准要求应用到日常的教学当中。我们将实施过程中出现的问题再反馈到专业教学标准上,进行反复修改。经过这几年的实施和调整,水运管理专业教学质量、学生满意程度以及就业率等方面都有显著的改善。主要体现在以下几个方面:

1. 以工学结合项目课程建设为突破口,探讨水路运输项目课程体系和教学标准的构建。

使水运管理专业学生在与工作岗位的联系过程中去学习知识，彻底改变了过去与岗位相脱离、单纯学习知识的学科课程模式。目前建成省级精品课程 1 门，交通职业教育教学指导委员会精品课程 1 门，院级精品课程 1 门。

2. 通过实施专业教学标准和课程标准，对专业人才培养方案做了大幅度的调整，人才培养实践取得了实效，在 2008 年严重的金融危机打击下，首当其冲受到影响的港航业衰退严重，但我院水运管理专业毕业生整体就业率仍达到 100%。

3. 水运管理专业 2010 年顺利通过了广东省教育厅省级示范专业验收，同时水路运输专业群内的国际航运管理专业被评为中央财政支持的高职特色专业。水运管理专业已经成为珠三角地区港航业人才培养的品牌专业，企业认可度高。

本书由广东交通职业技术学院蔡佩林、方风平担任主编，涂建军担任副主编，参编张丽敏、邓烨、李爱云、陈伟芝。编写人员的分工情况如下：《水运管理专业教学标准》和《集装箱港口信息系统》、《船舶货运技术》、《远洋运输业务》、《船舶代理业务》、《港口装卸机械与工艺》、《船舶积载设计》、《港口装卸工艺设计》、《毕业论文与答辩》课程标准由方风平编写，《交通运输地理》、《货物学基础》、《国际航运管理》、《集装箱码头操作》、《港口理货业务》、《港航商务管理》、《港口安全与环保》、《生产见习》、《港航生产实习》课程标准由蔡佩林编写，《物流基础》、《港口物流管理》、《国际货运代理业务》课程标准由涂建军编写，《国际航运业务英语》、《海商纠纷处理》课程标准由张丽敏编写，《国际货代专业英语》课程标准由李爱云编写，《交际礼仪》、《报关实务》课程标准由邓烨编写，《国际贸易实务》课程标准由陈伟芝编写。本书由广东交通职业技术学院王腊娣主审。

在此，感谢为课程标准进行审核的各位企业专家，包括佛山高明珠江货运码头黎绍雄、佛山南港码头有限公司商务部陈泽南、佛山市航运有限公司船队业务部利均成、佛山市航运有限公司信息技术部邓宁发、广东省南粤物流股份有限公司人力资源部陈炀银、广东省珠江航运有限公司综合管理部曾碧通、广东省航运集团经营管理部侯光明、广东省航运集团经营管理部何伟建、广东省航运集团结算中心姚晓华、广东省航运集团财务部郑铃、佛山北村珠江货运码头李崇民、佛山市珠银南鲲企业投资有限公司陈国辉、广东中外运船务代理有限公司东莞分公司孙程等。

感谢广东省教育厅、广东省交通运输厅长期以来对项目工作的指导；感谢广东交通职业技术学院各级领导给予的大力支持和鼓励。最后还特别感谢广东省航运集团有限公司董事长、党委书记刘伟清先生为本书拨冗作序，并在多年的校企合作中给予学院大力的支持。

因为首次编写专业教学标准和课程标准，经验不足，标准内容仍有待成熟和完善，恳请各位企业一线的专家、教育界的学者老师们提出宝贵意见。

编　者

2011 年 4 月

目　录

水运管理专业教学标准

【专业名称】

水运管理

【入学要求】

高中毕业或相当于高中毕业文化程度

【学习年限】

三年

【培养目标】

本专业主要培养面向港口物流管理、港航企业管理、港航商务管理、外贸运输与管理以及国际船舶代理、货运代理等企事业单位，在生产、服务第一线能从事于港口物流操作员、港口现场作业领班、港口生产调度员、港口理货员、港口仓库管理员等岗位工作；航运企业从事于航运商务操作员、船舶调度员、业务员等岗位工作；国际货运代理行业从事于单证操作员、市场营销员、业务员、国际船舶代理员等岗位工作，具有高技能的生产管理和经营管理专门人才。

【职业范围】

序　　号	专门化方向	就 业 岗 位	职业资格（证书名称、等级、颁证单位）
1	港航物流	港口现场装卸作业指导员	港口理货行业从业资格证书，交通运输部颁发
		港口理货员	
		港口仓储管理员	
2	船舶服务	航运商务操作员	国际商务单证员证书，商务部颁发； 船舶代理业务员证书，中高级，交通运输部颁发
		船舶代理外勤员	
3	货运服务	货运代理业务员等	国际货运代理从业人员资格证书，中国国际货运代理协会（CIFA）颁发
4	行业管理	港航行政管理及执法人员	国家公务员统一考试

【人才规格】

本专业所培养的人才应具有以下知识、技能与态度：

◎ 具有马列主义、毛泽东思想和邓小平理论的基本知识和良好的职业道德，树立正确的人生观、世界观和价值观，富有事业心和责任感；

◎ 掌握本专业必需的文化基础知识、较充实的专业理论知识及应用技能，具有较强的学习开拓能力；

◎ 掌握市场经济法规及运输法规知识，法制观念强，具有分析和处理相关业务法律问题的能力；

◎ 具有较强的口头、文字表达能力和公关交际能力，善于协调人际关系，应变能力强；

◎ 具有较高水平的英语听、说、读、写能力，能独立处理外贸运输业务；

◎ 能熟练运用计算机处理有关业务及制作单证，适应电子商务和物流业发展的需要；

◎ 具有一定的体育卫生知识和运动技能，体魄健康，具有良好的心理素质和礼仪修养，团队意识强。

【任务与职业能力分析】

工作项目	工作任务	职业能力
1. 港口物流业务	(1)港口物流管理	①港口物流组织能力 ②港口物流配送组织 ③港口商务管理能力 ④港口商务谈判与港口客户服务能力
	(2)港口生产管理	①港口装卸机械性能和使用 ②港口装卸作业组织能力 ③港口库场管理能力
	(3)港口生产安全与环境保护	①港口生产安全管理 ②货运质量管理 ③港口环境保护，港口、船舶污水处理
2. 行业管理	(1)港口行政管理	①国家港航业管理的方针、政策 ②国家港航业管理相关法律、法规
	(2)港航业数据统计与分析	①港口业务数据统计口径与方法 ②航运业务数据统计口径与方法
3. 国际货运代理业务操作	(1)国际贸易实务	①国际货物买卖合同签订 ②国际贸易术语使用 ③国际货运运输保险 ④国际贸易货款的收付
	(2)班轮货物运输	①班轮货运流程 ②班轮运价与运费计收 ③无船承运人业务
	(3)报关业务	①一般进出口通关业务 ②保税进出口通关业务 ③进出口货物的转关业务 ④退运进出口货物和出口退关货物的通关制度 ⑤电子报关
	(4)报检业务	①检验检疫的报检 ②电子报检 ③电子转单与电子通关

续上表

工作项目	工作任务	职业能力
4. 船舶服务	(1)船舶调度业务代理	①船舶抵港前工作 ②船舶在港期间工作 ③船舶离港工作
	(2)码头现场代理(外勤)	①船舶在港期间工作 ②船舶离港工作
	(3)货运业务办理	①进口货运业务办理 ②出口货运业务办理
	(4)船舶服务代理	①船员服务 ②船舶供应 ③船舶修理业务办理
	(5)船舶运行组织	①掌握内河、沿海的主要航线和港口分布 ②船舶运输组织和计划编制能力 ③专业化船舶运输组织管理能力
	(6)集装箱运输管理	①集装箱进出口运输业务和主要货运单证流转 ②集装箱租赁业务 ③国际集装箱多式联运业务
	(7)货物配积载	①掌握船性、货性、水性 ②货物合理配舱技能 ③船舶积载图的编制

【主干专业(实训)课程】

序号	课程名称	主要教学内容与要求	技能考核项目与要求	参考学时
1	集装箱码头操作	掌握港口作业计划、调度、劳动组织与管理、物资管理的主要内容及基本理论和基本技能，了解和掌握计算机在现代港口计划、调度工作中的应用	应达到港口理货员职业资格证书考核要求	64
2	船舶代理业务	国际船舶代理业务包括船舶代理合同、船舶进出港手续、检验检疫手续、船舶调度与代理业务、运费计收代理业务、海事与货运事故处理等内容	应能达到船舶代理业务员中级职业资格证书考核要求	64
3	国际货运代理业务	国际货运代理人的法律地位和责任，掌握各项代理业务的操作程序和单证，及从事货代人员应掌握和遵循的有关国际和国内法规	应能达到国际货运代理从业人员职业资格证书考核要求	64
4	国际货代专业英语	国际货运代理业务操作、国际货运代理单证操作的英语运用，掌握国际货运代理操作基本的专业英语词汇，熟练阅读和运用国际货代相关英文单证	应能达到国际货运代理从业人员职业资格证书考核要求	51

续上表

序号	课 程 名 称	主要教学内容与要求	技能考核项目与要求	参考学时
5	国际航运业务英语	国际航运业务、国际航运单证操作的英语运用，熟练掌握国际航运常用专业英语词汇，完全能阅读和运用国际航运操作相关英文单证	应能达到国际航运从业人员任职基本资格要求	64
6	报关实务	进出关报关手续与填制报关单等实务，以及我国的关税减免政策与制度，国内外海关制度，海关各部门的组成及作用	能达到报关人员从业资格职业证书考核要求	34
7	交通运输地理	熟悉内河、沿海以及远洋航线、航道和主要港口的情况，掌握客、货流的地理布局和发展趋势，为合理组织航运生产提供地理上的依据	能达到校内实训考核要求	26
8	港航商务管理	物流配送的基本概念、配送中心的基本运作程序，重点讲授物流配送的基本程序、物流配送中心的配送流程及相关要求，物流配送在港航企业中的应用	应能达到中级物流师职业资格证书考核要求	36
9	港口物流管理	港口物流主要设施与设备、港口物流站场，港口物流经济、港口物流发展影响因素、港口物流企业管理等内容。重点要求掌握港口物流的基本运作方式	应能达到校内虚拟港口实训要求	64

【指导性教学安排】

1. 学分制教学指导方案

课 程 分 类	课 程 名 称	总学时	各学期周数、学时分配					
			1	2	3	4	5	6
			15	18	18	17	20	20
基本素质与能力	形势与政策	64	1	1				
	毛泽东思想、邓小平理论和“三个代表”重要思想概论	68			2	2		
	就业指导	10				1		
	职业规划	13	1					
	实用英语	164	4	6				
	高等数学/管理数学	90	4					
	思想道德修养与法律基础	64	2	2				
	体育与健康	60	2	2				
	计算机应用基础与信息处理	78	4					

续上表

课程分类		课程名称	总学时	各学期周数、学时分配					
				1	2	3	4	5	6
				15	18	18	17	20	20
专门化方向课程	港航企业经营管理能力	应用文写作	26	2					
		交通运输地理	30	2					
		货物学基础	51		3				
		国际贸易实务	51		3				
		国际航运管理	72			4			
		远洋运输业务	64				4		
		海商纠纷处理	51		3				
		集装箱港口信息系统	34				2		
		船舶货运技术	56			3			
	港航物流管理能力	集装箱码头操作	51			3			
		港口物流管理	51				3		
		港航商务管理	64		2				
		国际货运代理业务	64			4			
		国际货代专业英语	64			4			
		国际航运业务英语	64				4		
		港口装卸机械与工艺	51				3		
		交际礼仪	36				2		
综合实训		生产见习	30		1周				
		港口安全与环保	60					2周	
		港口装卸工艺设计	30					1周	
		港口物流配送实训	30					1周	
		港航生产实习	300					15周	
		船舶积载设计	30					1周	
		毕业实习	360						12周
		毕业教育	60						2周
		毕业论文与答辩	180						6周
选修课程		船舶代理业务	36			2			
		港口理货业务	36			2			
		报关实务	49				2		
		物流基础	34				2		
		财务管理	36		2				
		基础会计	36		2				
合计				22	26	22	23		

2. 关于教学指导方案的几点说明

(1)本方案是为实施专业教学标准提出的三年制教学安排的参考方案,学校可结合实际情况参照此方案制定三年或四年制教学实施方案，课程开设顺序与周课时安排学校可根据实际情况自行确定。

(2)学分制方案中将上述课程分为必修和选修两部分，必修部分以专业“够用”为原则，教学内容和要求由学校根据专业教学的实际需要确定；选修部分可达到新颁发课程标准的拓展部分要求，允许学生在完成学业的过程中多次选择，以满足学生职业生涯发展的多种需要。

(3)本方案为学校制定专业教学实施方案留下了拓展空间，设立的其他课程可由学校根据办学指导思想、内涵特色和企业岗位需求自主开发和选择。

【专业教师任职资格】

具有高等职业学校及以上教师资格证书；

具有本专业三级及以上职业资格证书或相应技术职称。

【实训(实验)装备】

1. 港口沙盘实训(实验)室

功能：模拟港口装卸作业流程，完成真实港口企业业务流程。

适用于：港口装卸作业、港口机械工艺、集装箱运输业务等课程。

主要设备装备标准(以一个标准班50人配置)：

序号	设备名称	用途	单位	数量	适用范围(职业鉴定项目)
1	集装箱码头模型	了解港口基本布局及功能	套	1	港口理货员从业人员资格证书
2	装卸桥吊模型	桥吊功能及操作	台	1	
3	集装箱拖车模型	集装箱拖车功能及操作	台	4	
4	龙门吊模型	龙门吊功能及操作	台	2	
5	正面吊模型	正面吊功能及操作	台	1	
6	各种集装箱模型	集装箱种类及样式识别	个	60	
7	仓库模型	仓库功能	个	4	
8	火车模型	多式联运中铁路运输功能	套	1	

2. 港口业务实训(实验)室

功能：本实训室适用于港口装卸作业，远洋运输业务，港口物流信息系统，货物学基础等课程。

主要设备装备标准(以一个标准班50人配置)：

序号	设备名称	用途	单位	数量	适用范围(职业鉴定项目)
1	佛山新港集装箱码头管理信息系统	模拟珠三角港口业务全过程	套	1	港口理货员从业人员资格证书、港口企业各职能部门业务规范
2	计算机	运行客户端及服务器段软件	台	50	
3	局域网设备	构架局域网，支持B-S网络环境	套	1	

3. 航运业务实训(实验)室

功能:本实训室适用于远洋运输业务、货物学基础、交通运输地理、国际航运管理、集装箱运输业务等课程。

主要设备装备标准(以一个标准班50人配置):

序号	设备名称	用途	单位	数量	适用范围(职业鉴定项目)
1	佛山航运辅助管理信息系统	模拟珠三角中小型船务公司管理业务	套	1	船舶代理业务员职业资格证书
2	计算机	运行客户端及服务器段软件	台	50	
3	局域网设备	构架局域网,支持B-S网络环境	套	1	

水运管理专业课程标准

《交通运输地理》课程标准

【课程名称】

交通运输地理

【适用专业】

水运管理、国际航运管理、港口与航运管理、港口业务管理等

【参考学时】

30 学时

1. 前言

1.1　课程性质

本课程是水运管理、国际航运业务管理、港口与航运管理、港口业务管理等专业的专业基础课程，其功能在于培养学生具备交通运输基本理论知识、掌握五种交通运输方式的基本特点和交通运输资源分布，为国际航运业务管理、水运管理、港口与航运管理等专业高职学生的后续学习和顺利就业打下基础。

1.2　设计思路

本课程的设计思路是以就业为导向，邀请行业专家对水运管理、国际航运业务管理、港口与航运管理、港口业务管理专业所涵盖的岗位群进行工作任务和职业能力分析，并以此为依据确定本课程的工作任务和课程内容。根据水运管理、国际航运业务管理等专业人才培养方案所涉及的教学内容，分解成若干教学活动，在校内实习和校外顶岗实习中加深对专业知识、技能的理解和应用，培养学生的综合职业能力和可持续发展能力。整个课程内容以够用为度。

2. 课程目标

通过“工学结合、校企合作”的工作过程、系统化课程开发的任务驱动型的项目活动，培养学生具有良好职业道德、专业技能水平、可持续发展能力，使学生掌握五种交通运输方式的基本特点和交通运输资源的分布，重点掌握是我国铁路、公路、水路、航空、管道运输线路的布置；培养学生通过查阅有关资料，学生初步形成一定的自我学习能力和课程实践能力；并培养学生诚实、守信、善于沟通和合作的团队意识。

职业能力目标：

◎ 了解交通运输的主要作用、交通运输在地区经济中的地位；

◎ 掌握铁路运输特点及我国铁路运输线路的布局；

◎ 掌握内河运输特点，重点掌握长江、珠江水系水运地理的基本情况；

◎ 掌握海上运输特点，重点掌握我国主要港口分布，世界主要航线分布，主要通航运河、

海峡基本信息；

◎ 掌握公路运输特点及我国公路运输网布局；

◎ 掌握航空运输特点及我国航空运输线路情况；

◎ 了解管道运输基本情况；

◎ 掌握综合运输特点及我国综合运输发展情况；

◎ 能够独立学习和查阅资料，具有一定团队合作精神。

3. 课程内容与要求

本课程的内容主要包括：交通运输在国民经济中的地位和作用，五种交通运输方式的特点，交通运输资源分布，综合运输发展等。

本课程采用课内讲授和实际操作结合教学及案例分析的教学模式，落实"工学结合、精讲多练"的措施，教学内容围绕基础性和前沿性进行，以培养学生创新思维和实践能力为目的，围绕培养学生对交通运输的理解和交通运输资源分布的掌握，集传统教学方法及案例教育、多媒体、网络教学等现代教育手段，理论联系实际，融知识传授、能力培养和素质教育与一体，着重培养学生的基本专业素养和可持续发展能力。

总之，《交通运输地理》在选取和组织课程内容时，应紧密围绕水运管理等专业的人才培养方案，根据学生心理认知规律，有目的地将相关专业知识的内容按照交通运输发展的基本特点展开。具体内容如下：

序号	工作任务	知识内容与要求	技能内容与要求	活动设计（举例）	参考学时
项目一	交通运输基础知识	（1）掌握交通运输特点； （2）掌握交通运输在国民经济中的地位和作用	（1）培养学生收集资料、拣选资料的能力； （2）培养学生认识地图的能力，培养全局观念	学生通过上网查询资料，了解我国交通运输有关的数据	2
项目二	掌握国际铁路运输地理	（1）铁路运输基本特点； （2）我国铁路运输线路布局	（1）查阅资料，了解铁路运输状况； （2）查阅中国地图，掌握铁路线路走向	查阅资料，了解我国主要铁路干线所经区域和主要城市	4
项目三	内河运输地理	（1）内河运输特点； （2）内河通航航道基本要求； （3）长江、珠江水系通航情况	（1）查阅地图，了解我国内河资源分布状况； （2）长江、珠江所经区域交通运输现状	案例分析	6
项目四	海上运输地理	（1）海上运输特点； （2）我国沿海港口分布基本状况； （3）世界主要远洋航线分布	（1）沿海港口分布； （2）主要远洋航线中有关港口、运河、海峡状况	案例分析	6
项目五	公路运输地理	（1）公路运输特点； （2）我国公路运输网布局	我国"五纵七横"公路网状况	案例分析	4

续上表

序号	工作任务	知识内容与要求	技能内容与要求	活动设计(举例)	参考学时
项目六	航空运输地理	(1)航空运输特点; (2)航空运输线路; (3)我国主要航空港基本情况	(1)航空运输线路; (2)北京、上海、广州三大空港状况	案例分析	4
项目八	管道运输地理	(1)管道运输特点; (2)我国管道运输现状	查阅相关资料,了解管道运输状况	案例分析	2
项目九	综合运输	(1)综合运输在国民经济发展中的作用和地位; (2)我国综合运输发展现状	通过网络资源以及到国际航运企业进行调研等途径,收集影响国际航运企业营运管理的内、外部因素	结合案例,分组进行讨论分析	2
合计					30

4. 实施建议

4.1 教材编写

(1)打破传统的学科教材模式,以本课程标准为依据进行教材编写。

(2)校企联合编写适合工学结合的教材,教材编写以"校企合作、工学结合"培养高技能人才的要求为目标,注重能力本位的原则,力求突出"理论够用、重在实操"和"简单明了、方便实用"的特色,内容应具有较强的应用性和针对性,编写的目的主要是为了培养具有良好职业道德、具有一定理论知识、具有较强操作和管理实践能力、具有可持续发展能力、为企业所欢迎的高技能应用性仓储管理经营和操作人才。

(3)通过工作任务的需求,从有利于各专门化课程的学习出发,以够用为原则,设定能力目标、能力标准,引入高职学生所必需的理论知识,加强实际操作能力的训练。

(4)教材应图文并茂,提高学生的学习兴趣并加深学生对交通运输地理的理解与掌握。

(5)对于涉及水运管理、国际航运业务管理、港口与航运管理、港口业务管理等专业岗位的实践活动教材应以岗位的操作规程为基准,并将其纳入其中。

(6)为教材配置专门的多媒体光盘、挂图等以满足教学和学生自学的需要。

4.2 教学建议

(1)本课程在教学过程中,应立足于岗位职业能力的形成,注重对学生专业能力、方法能力、社会能力的培养,采用"校企合作、工学结合"项目教学,以任务驱动型的项目活动,提高学生的学习兴趣。

(2)本课程教学须充分利用学校和企业的两种资源,学校专职教师与企业兼职教师教学相结合,采用现代多媒体教学与企业现场实践教学相结合,注重学做结合,边讲边学,教与学互动,做中学,学中做,强化学生实践能力和岗位职业能力的提高。

(3)在教学过程中,要尽可能采用多媒体教学、仿真实训室、实训软件、实物教学、国际航运企业现场教学模式。

(4)尽量采用小班化教学。

(5)在教学过程中辅以网络教学和暑期社会实践,以进一步促进学生社会能力的形成。

4.3　教学评价

(1)改革考核手段和方法，加强实践性教学环节的考核，可采用过程考核和结果考核相结合的考核方法。

(2)由学校主讲老师和企业兼职老师结合考勤情况、学习态度、学生作业、平时测验、实验实训、技能竞赛、顶岗实习情况及考核情况，共同综合评定学生成绩。

(3)应注重对学生动手能力和在实践中分析问题、解决问题能力的考核，对在学习和应用上有创新的学生应给予特别鼓励，对学生的能力进行综合评价。

4.4　课程资源的开发与利用

(1)注重实训指导书和实验实训标准的开发和应用。

(2)注重常用课程资源的开发。充分利用挂图、幻灯片、投影片、录像带、视听光盘、多媒体软件、电子教案等资源创设形象生动的工作情境，激发学生的学习兴趣，促进学生对知识的理解和掌握。建议加强常用课程资源的开发，建立多媒体课程资源的数据库，努力实现跨学校多媒体资源的共享，以提高资源利用效率。

(3)积极开发和利用网络课程资源。充分利用诸如电子书籍、电子期刊、数据库、数字图书馆、教育网站和电子论坛等网络信息资源，使教学媒体从单一媒体向多种媒体转变，使教学活动从信息的单向传递向双向交互转变，使学生从单独的学习向合作学习转变。

(4)校企合作开发实验实训课程资源。充分利用本行业典型企业的资源，加强校企合作建立校内、校外实训基地，满足学生的实习实训需求，在此过程中进行实验实训课程资源的开发，同时为学生提供就业机会，开创就业渠道。

(5)建立开放式实验实训中心，使之具备职业技能考核、实验实训、现场教学的功能，将教学与培训教材合一、教学与实训合一，满足高职学生综合职业能力培养的需求。

5. 其他

(1)在教学过程中，要求配备一定比例的兼职教师，以满足工学结合教学的需要。

(2)密切校企合作，确保工学结合教学的顺利进行。

(3)在教学过程中，要求配备一定数量的交通运输网分布地图，以保障教学的进行。

(4)本课程适用于三年制高等职业院校水运管理、国际航运业务管理、港口与航运管理、港口业务管理专业，同时也适用于港口物流管理等专业。

《货物学基础》课程标准

【课程名称】

货物学基础

【适用专业】

水运管理、国际航运管理、港口与航运管理、港口业务管理等

【参考学时】

51 学时

1. 前言

1.1　课程性质

本课程是港口与航运管理、国际航运管理、水运管理、港口业务管理等专业的专业基础课程。其功能在于培养学生认识国际海运中主要货物的类别、性质及运输要求，为以后的专业课程学生打下良好基础，同时培养学生分析问题与解决问题的能力，为国际航运管理、水运管理、港口与航运管理、港口业管理等专业高职学生的后续学习打基础。在水运管理专业课程体系中，《货物学基础》属于专业基础课程，其后续课程有《船舶货运技术》、《理货业务》、《集装箱运输业务》等。

1.2　设计思路

本课程的设计思路是以培养学生的职业能力以及学生将来就业为导向，邀请行业专家对国际航运业务管理、水运管理、港口与航运管理专业所涵盖的专业课程及将来就业的岗位群进行工作任务和职业能力分析，并以此为依据确定本课程的工作任务和课程内容。根据水运管理、港口与航运管理、国际航运管理、港口业务管理等专业所涉及的专业课程以及这些课程所涉及的相关教学内容，分解成若干教学活动，在校内实习和校外顶岗实习中加深对海运货物知识的理解和应用，以培养学生的综合职业能力和可持续发展能力。整个课程内容以够用为原则。

2. 课程目标

通过"工学结合、校企合作"的工作过程系统化课程开发的任务驱动型的项目活动，培养学生具有良好职业道德、专业技能水平、可持续发展能力，使学生掌握国际海运中所承运货物的基本知识与国际航运业务操作的基本技能，初步形成一定的学习能力和课程实践能力，并培养学生诚实、守信、善于沟通和合作的团队意识，以及海洋环境保护和国际航运安全意识。提高学生各专门化方面的职业能力，通过理论、实训、实习相结合的教学方式，边讲边学、边学边做、做中学、学中做，同时辅以网络课程教学和社会实践，使学生具有掌握技能掌握知识的专业能力、学会学习学会工作的方法能力、学会共处学会做人的社会能力，最终把学生培养成为具有良好职业道德的、具有国际航运业务操作的管理理论和实践能力的、具有可持续发展能力的高素质高技能型专门人才，以适应市场对国际航运业务操作与管理人才的需求。

职业能力目标：

◎ 了解当前国际海运货物基本类别；

◎ 掌握货物积极载因数、船舶舱容系数；
◎ 掌握国际海运中有关亏舱问题；
◎ 掌握普通件杂货物的运输要求；
◎ 掌握重大件货物的运输要求；
◎ 掌握固体散装货物的运输要求；
◎ 掌握液化散装货物的运输要求；
◎ 掌握危险货物的运输要求；
◎ 能够独立学习和工作，具有一定的创新能力，能够进行交流并有团队合作精神和职业道德素养。

3. 课程内容与要求

本课程的内容主要包括：国际海运货物的主要类别及运输性质，船舶装运货物的要求，危险货物的主要危险特性及运输中应注意的问题，国际海运中对有关危险化学品如何预防海洋污染及船舶航行安全管理等。

本课程采用课内讲授和实际操作结合教学、案例分析、模拟实训、企业实践相结合的教学模式，落实“工学结合、精讲多练”的措施，教学内容围绕基础性和前沿性进行，以培养学生创新思维和实践能力为目的，围绕培养学生适应港航企业不同职业岗位的技能训练核心，集传统教学方法及案例教育、多媒体、网络教学、企业实践等现代教育手段，理论联系实际，融知识传授、能力培养和素质教育于一体，着重培养学生的岗位职业道德、实际动手能力、适应岗位的能力、可持续发展能力，提高学生的技术应用能力和综合素质，同时辅以网络教学和社会实践，强化学生的专业能力、方法能力、社会能力，以适应国际航运企业对岗位职业的要求。

总之，《货物学基础》在选取和组织课程内容时，应紧密围绕国际海运货物的运输要求，有目的地将国际海运货物的基本性质、危险货物的运输要求等内容根据学生的心理认知规律，按照国际海运业务操作工作过程展开。具体内容如下：

序号	工作任务	知识内容与要求	技能内容与要求	活动设计(举例)	参考学时
项目一	国际海运货物基础	(1)掌握国际海运货物的分类； (2)掌握国际海运货物的包装、标志； (3)掌握货物积载因数、船舶舱容系数； (4)掌握货物运输中有关亏舱问题	(1)培养学生收集资料、拣选资料的能力； (2)培养学生能正确认识货物的包装、标志，了解在货物运输中如何减少亏舱问题，为后续学习打好基础	通过上网查询资料，了解当前国际贸易运输中主要货物的类别、货物运输的主要标志、包装等	8
项目二	件杂货运输的基本要求	(1)国际海运中件杂货的主要类别； (2)件杂货运输中有关配积载、装卸船过程中应注意事项等	(1)收集近年来国际航运市场主要件杂货运输资料； (2)主要几种件杂货的运输要求	收集当前国际航运市场主要件杂货和件货船舶资料进行分析比较，形成分析报告	6

续上表

序号	工作任务	知识内容与要求	技能内容与要求	活动设计(举例)	参考学时
项目三	重大件货物的运输要求	(1)国际海运中重大件货的分类; (2)重大件货物运输中的主要指标	(1)重大件货装卸作业过程中的绑扎作业; (2)船舶稳性的平衡	重大件货物装卸作业案例分析	6
项目四	固体散装货物的运输要求	(1)固体散装货物的类别; (2)固体散装货物运输中对船舶稳性的影响; (3)固体散装货物运输中安全管理	(1)散粮、煤炭、铁矿石、水泥等几种主要固体散装货物运输; (2)煤炭运输中自燃的问题; (3)煤炭、铁矿石、水泥等货物运输中防污染问题	运输案例分析	7
项目五	液体散装货物的运输要求	(1)液体散装货物的类别; (2)固体散装货物运输中对船舶稳性的影响; (3)固体散装货物运输中安全管理	(1)石油、液化化学品等几种液体货物的运输要求; (2)石油、液化化学品运输中防污染问题	运输案例分析	12
项目六	主要危险货物的运输要求	(1)国际海运危险货物的分类; (2)主要危险货物的危险特性; (3)国际海运主要危险货物在运输、装卸中的作业要求及注意事项	(1)查阅相关资料,掌握国际海运中各危险货物在运输中所占的比重; (2)危险货物运输与作业中操作要求; (3)危险货物运输作业中应急措施	结合相关案例进行教学,并要求通过查阅相关资料,正确认识危险货物运输性质,形成分析报告	12
合计					51

4. 实施建议

4.1 教材编写

(1)打破传统的学科教材模式,以本课程标准为依据进行教材编写。本课程可以参考王学锋主编的《货物学》,同济大学出版社出版。

(2)校企联合编写适合工学结合的教材,教材编写以“校企合作、工学结合”培养高技能人才的要求为目标,注重能力本位的原则,力求突出“理论够用、重在实操”和“简单明了、方便实用”的特色,内容应具有较强的应用性和针对性,编写的目的主要是培养具有良好职业道德、具有一定理论知识、具有较强操作和管理实践能力、具有可持续发展能力的、为企业所欢迎的高技能应用性人才。

(3)通过工作任务的需求,从有利于各专门化课程的学习出发,以够用为原则,设定能力目标、能力标准,引入高职学生所必需的理论知识,加强实际操作能力的训练。

(4)教材应图文并茂,提高学生的学习兴趣并加深学生对国际航运业务管理知识的理解与掌握。

(5)对于涉及国际航运管理、港口业务管理、水运管理、港口与航运管理等专业岗位的实践活动,教材应以岗位的操作规程为基准,并将其纳入其中。

(6)为教材配置专门的多媒体光盘,以利教学和学生自学的需要。

4.2 教学建议

(1)本课程在教学过程中,应立足于岗位职业能力的形成,注重对学生专业能力、方法能力、社会能力的培养,采用"校企合作、工学结合"项目教学,以任务驱动型的项目活动,提高学生的学习兴趣。

(2)本课程教学须充分利用学校和企业的两种资源,学校专职教师与企业兼职教师教学相结合,采用现代多媒体教学与企业现场实践教学相结合,注重学做结合,边讲边学,教与学互动,做中学,学中做,强化学生实践能力和岗位职业能力的提高。

(3)在教学过程中,要创设工作情境,强化实际操作训练;要紧密结合职业技能证书的考核,在操作训练中,使学生掌握国际海运货物运输的相关知识。

(4)在教学过程中,要尽可能采用多媒体教学、仿真实训室、实训软件、实物教学、企业现场教学模式。

(5)尽量采用小班化教学。

(6)学校专职教师应具有"双师型"工作能力,从学生实际出发,因材施教,着力培养学生对本课程的学习兴趣,从而提高学生学习的主动性和积极性。

(7)企业兼职教师应具有一定的普通话基础,并掌握一定的教学、教育相关知识,在进行示范性教学时,能充分表达所教授的内容。

(8)在教学过程中辅以网络教学和暑期社会实践,以进一步促进学生社会能力的形成。

4.3 教学评价

(1)改革考核手段和方法,加强实践性教学环节的考核,可采用过程考核和结果考核相结合的考核方法。

(2)由学校主讲老师和企业兼职老师结合考勤情况、学习态度、学生作业、平时测验、实验实训、技能竞赛、顶岗实习情况及考核情况,共同综合评定学生成绩。

(3)应注重对学生动手能力和在实践中分析问题、解决问题能力的考核,对在学习和应用上有创新的学生应给予特别鼓励,对学生的能力进行综合评价。

4.4 课程资源的开发与利用

(1)注重实训指导书和实验实训标准的开发和应用。

(2)注重常用课程资源的开发。充分利用挂图、幻灯片、投影片、录像带、视听光盘、多媒体软件、电子教案等资源创设形象生动的工作情境,激发学生的学习兴趣,促进学生对知识的理解和掌握。建议加强常用课程资源的开发,建立多媒体课程资源的数据库,努力实现跨学校多媒体资源的共享,以提高资源利用效率。

(3)积极开发和利用网络课程资源。充分利用诸如电子书籍、电子期刊、数据库、数字图书馆、教育网站和电子论坛等网络信息资源,使教学媒体从单一媒体向多种媒体转变,使教学活动从信息的单向传递向双向交互转变,使学生从单独的学习向合作学习转变。

(4)校企合作开发实验实训课程资源。充分利用本行业典型企业的资源,加强校企合作建立校内、校外实训基地，满足学生的实习实训需求，在此过程中进行实验实训课程资源的开发，同时为学生提供就业机会，开创就业渠道。

(5)建立开放式实验实训中心，使之具备职业技能考核、实验实训、现场教学的功能，将教学与培训教材合一、教学与实训合一，满足高职学生综合职业能力培养的需求。

5. 其他

(1)在教学过程中，要求配备一定比例的兼职教师，以满足工学结合教学的需要。

(2)密切校企合作，确保工学结合教学的顺利进行。

(3)本课程适用于三年制高等职业院校水运管理、港口与航运管理、国际航运管理、港口业务管理、港口物流管理等专业，同时也适用于港航企业的培训教学。

《国际贸易实务》课程标准

【课程名称】

国际贸易实务

【适用专业】

水运管理、国际航运管理、港口与航运管理、国际贸易实务等

【参考学时】

51 学时

1. 前言

1.1 课程性质

本课程是国际贸易及相关专业学生必修的专业主干课，也是投资与理财、会计电算化等经济类专业的一门限选课。由于本课程主要研究国际商品交换的具体过程，故还是一门具有涉外活动特点且实践性很强的综合性应用课程。

1.2 课程价值与功能

国际贸易实务是从事贸易活动人群必备的一项基本能力。通过本课程的学习，学生应具备运用相关的贸易、运输、保险、金融方面的知识从事国际贸易相关业务的工作的职业能力。

1.3 课程标准的设计思路

在课程的目标定位上，以满足对外贸易岗位对国际贸易实务知识和职业技能的基本要求为原则，既要考虑新时期高职学生的特点，又要考虑新时期高职人才规格的发展要求。在课程的内容标准上，本课程分为应用理论和实务模拟应用技能两大部分，既要突出国际贸易中各环节的操作应用，又要有对国际贸易实务工作的基本指导。在课程的实施过程中，要注重让学生理解并掌握国际贸易操作的基础知识，更要注重对学生动手能力的训练，从而实现自我发展的职业能力素养的养成，将素质教育的理念切实贯彻到日常的教育教学过程中。

2. 课程目标

2.1 知识目标

具有从事国际贸易专业必需的贸易基础知识，掌握国际贸易实务应用的基本理论和基本方法，理解国际贸易各环节操作应用的实现过程。

2.2 能力目标

培养学生必须掌握国际贸易的基本原理、基本知识和基本技能及方法，而且应具备分析和解决实际业务问题的能力。具体要求是：熟悉国际贸易惯例；具有国际贸易理论与实务的一般认识能力；具有贸易谈判、价格及佣金计算并根据合同缮制发票、箱单、汇票等相关单证的具体操作能力，并能取得制单员、货运代理等相关的资格证书。

2.3 素质目标

具有从事对外贸易专业所必需的贸易理论及实务操作应用的素质，能熟练地运用计算机从事国际贸易活动中所涉及的业务，如贸易的洽谈、合同、发票、箱单及汇票等相关单证的缮制；具有继续学习、能独立获取新知识的能力，具备分析和解决国际贸易实际问题的基本能力。

通过本课程的学习，树立诚实守信、求真务实的职业道德观念，养成严谨、踏实、认真负责的工作作风，培养创新意识。

3. 课程内容和要求

序号	工作任务	课程内容与教学要求	活动设计	参考学时
1	交易前的准备工作	能够进行市场调研、寻找并选择目标客户、制定进出口经营方案等交易前的准备工作	(1)可以选择不同的产品了解市场，假设学生自己创办一个企业，进行一番考察，确定调研目标，上网查询，进行社会实践调研，撰写报告； (2)根据分析判断，选择潜在客户，填写出口货物经营方案	4
2	进出口合同的签订	(1)国际贸易业务的磋商； (2)国际贸易术语的选择； (3)进出口合同条款包括价格条款、装运条款、包装条款、保险条款、支付条款、检验、索赔、不可抗力和仲裁条款的制订	(1)情景教学法：以公司业务员身份，模拟磋商过程； (2)案例教学法：根据不同的案例情况，选择不同的常用贸易术语，掌握选择技巧； (3)任务教学法：引导学生完成计价货币的选择、价格条款的构成； (4)案例教学与任务教学法：可以给出不同的数量、包装等磋商结果；训练在不同的装运时间、港口的情况下，海上运费的计算； (5)案例教学与情景模拟法：引导学生进行货物损失的认定以及基本险与附加险的选择与组合等保险实务操作；训练学生掌握不同支付方式的选用以及操作流程；引导学生在不同的预想情况下，完成制订合同小条款的任务	26
3	进出口合同的履行	能够进行备货、落实信用证、租船、报关、进出口报检、制单结汇等履行合同的业务操作	(1)情景教学与任务教学法：根据已签订好的合同，以我方出口公司业务员身份进行出货、报检、报关、催证、审证、制单、审单、收汇等操作； (2)根据已签订好的合同，以对方进口公司业务员身份进行接货、报检、报关、付款等操作	14
4	进出口业务的善后	能够完成核销、退税、业务善后函的书写，争议的处理等善后工作	(1)任务教学与情景教学法：我方收到货款后，书写业务善后函，进行出口收汇核销与退税操作； (2)对方付款后，进行进口付汇核销操作；收到货物后，发现货物与合同不符，向卖方索赔	7
合计				51

4. 课程实施建议

4.1　课程的重点和难点

本课程的重点是国际贸易术语的应用。难点是国际贸易合同条款、运输、保险条款的理解以及支付方式的选择。教学重点的加强和难点的突破可按照下列建议进行解决。

4.2 教学的建议

1)课程实施要突出高职办学的特点

高职《国际贸易实务》课程的教学要以就业为导向,面向实际,应对具体的对外贸易岗位群,突出操作技能的训练和培养,兼顾培养学生随着国际贸易的发展而不断获取知识和技能的发展能力。与本科学生相比,高职学生的基础相对较差;与在职国际贸易人员相比,在校生又缺乏对国际贸易程序以及相关业务处理的深刻体会认识,因此,教学实施中要从学生的角度去体会可能遇到的困难。按照移情原理,人们比较容易接受或理解自己所接触和经历过的事情,对于高职学生,应尽可能地在国际贸易实务实验实训的基础上去讲解理论。

2)准确把握国际贸易实务课程的特点

《国际贸易实务》是一门专门研究国际间商品交换的具体操作过程的学科,是一门具有涉外活动特点且实践性很强的综合性应用科学。

(1)实践性强。国际贸易实务涉及贸易术语的运用,贸易合同的签订以及合同的履行,违约的处理等各环节,如租船、投保、报关、报验等。因此,本课程实践性很强,可以直接指导对外贸易业务的工作。同时,从事外贸业务人员的经验、对规则的理解等主观因素也会对实际工作产生影响。这些都需要在实践中不断学习、提高和掌握。

(2)与国际惯例密切相关。在洽商交易和履约过程中,涉及许多与国际贸易相关的国际惯例,如《跟单信用证统一惯例 NO.600》、《国际贸易术语解释通则》、《联合国国际货物销售合同公约》等,这些国际惯例广泛地被世界各国接纳、使用。这就使得本课程中的每个环节均与这些惯例紧密相连。能否准确掌握好这些国际惯例关系到我国对外经济贸易工作的顺利进行和经济效益问题。因此,这也是教学的重要内容。

(3)具有涉外特点。在国际贸易实务中所介绍的都是跨国贸易,其做法与国内贸易有很多的差异。因此,从事外贸业务的人员应该具有国际或全球理念,熟悉国际上的通行规则和做法。

3)教学设计要符合高职学生的认知能力

要充分考虑教学对象和教学课程的特点,按需施教,学了就做,做了就会,会了能用,有实感,见实效,不断增强学生学习的信心和兴趣。教学上可以做如下安排:①开始讲得简单,使学生容易接受。②安排简单练习,增加问题印象。③突出重点讲、围绕难点,认真创设问题情景,精心设计引言、课堂提问和板书提纲,锤炼教学语言。④讨论或练习,进行验证性巩固。⑤加强辅导,解决学生遇到的各种问题。⑥综合训练,教师多点拨,学生多尝试。⑦进行归纳总结,上升到理论或规律层面加以认识。教师要有对学生进行学习方法引导的强烈意识,讲授、辅导、讨论、训练和归纳总结紧密结合,激发学生主动学习意识,培养学生自学能力。

4)教学方法的改革

(1)案例教学法。在讲授理论知识的同时引入案例分析,让学生利用所学知识来分析现实中的贸易纠纷案件,做到学以致用。通过此过程,使学生分析解决问题的能力、语言表达能力、推理能力都获得提高。案例教学法既能提高学生兴趣、活跃了课堂气氛,又能提高教学效果,是本课程的首选教学方法。

(2)改变传统的填鸭式、满堂灌式的教学方法,实行"互动教学法"。在讲授每一个知识要点以前,由教师首先提出问题,并向学生提示思路以引导学生查阅文献资料,阅读参考书籍,在课上让学生充分讨论，自己去探索解决问题的方法。甚至可以指定个别章节由学生自学自讲，并由其他同学评论，这样既强化了课堂学习效果，使原本枯燥的教学内容在学生脑海里留下深刻印象，又扩展了学生的视野。

(3)实验教学法。利用国际贸易模拟软件让学生模拟实习，不仅可以缩短书本与现实的距离，还可以提高学生的动手能力。

(4)课堂讲授。在有限的教学时间内，浓缩精华，突出重点，这是完成教学计划的重要环节。

(5)多媒体教学法。通过幻灯片、录像等方法来辅助教学，使教学内容生动有趣。

(6)课外讲座。聘请一些企业精英为学生做讲座，让学生了解行业发展动态，并激励学生不断提高自身的业务素质。

(7)顶岗实习。通过顶岗实习，使学生充分理解所学的专业知识、操作技能，切实感受实际工作的严谨性。

5)丰富和完善传统的课堂讲授方式

在课堂讲授课上，教师要注意把握"教师是导演"和"学生是演员"的角色定位，注意让问题驱动学生思维。我们常犯的错误是，教师成了演员，学生成了观众，导致学生缺乏参与学习的主动性。要留给学生一定的思考时间和空间，采用与教学内容相适应的灵活多变的讲授方法，如：典型问题评价或讨论法，同类问题的归纳法，能够产生对知识总结和联想的图解法。这些方法都有利于调动学生主动学习的积极性，并以简单明了的方式理清思路。

4.3 教材编写和使用建议

选用教材的原则：不论是选用还是自编教材，基本原则在于其内容具有先进性和前瞻性，与实际工作相衔接，符合开设专业的特点和专业要求，符合国际贸易业务的发展情况。

4.4 课程资源开发与利用建议

除了文字教材外，积极开发国际贸易实务课件，在计算机上实现黑板上不便书写以及无法动态描述的内容。利用现代教育技术可以增加信息量，丰富教学内容，提高单位时间的教学效率。以图文并茂、视听结合的感官刺激方式来吸引学生，提高学生的学习兴趣；利用多媒体技术，即时引入相关材料，帮助教师描绘那些难以用语言表达的知识点，帮助学生对抽象、难懂问题的理解；利用动态演示，教师边演示边讲解，学生边观察边动手，使学生的感性认识深刻，教学交互性加强，教学过程容易控制，教与学结合紧密，突出教学过程中学生的主体地位。

4.5 学生成绩评价建议

传统的期末考试考核方式不利于学生动手能力的培养，合理有效的考核模式可以引导学生形成正确的学习方法，培养学生良好的学习习惯。根据高职人才培养的要求，可将考试分为过程式考核、作业设计和案例情景模拟考试。过程式考核就是按照教学考核大纲的要求逐项对学生进行考核评估，促进学生平时的知识积累；作业设计就是学生在教师指导下独立完成能反映解决问题能力的综合性作业，从独立知识点的考核递进到综合性考核，突出培养学生综合分析和解决问题的能力；在过程式考核和作业设计通过后，最后进行案例情景模拟考试。

《国际航运管理》课程标准

【课程名称】

国际航运管理

【适用专业】

水运管理、国际航运管理、港口与航运管理等

【参考学时】

72 学时

1. 前言

1.1　课程性质

本课程是国际航运管理、水运管理、港口与航运管理等专业的专业核心课程，其功能在于培养学生具有国际航运业务经营管理能力、国际航运业务操作与分析能力等多种岗位职业能力，达到相关专业高职学生应具备的岗位职业能力要求，培养学生分析问题与解决问题的能力、国际航运业务操作与管理岗位职业能力、职业道德素养及可持续发展能力，为国际航运管理、水运管理、港口与航运管理等专业高职学生的顺利就业打下基础。

1.2　设计思路

本课程的设计思路是以就业为导向，邀请行业专家对国际航运管理、水运管理、港口与航运管理等专业所涵盖的岗位群进行工作任务和职业能力分析，并以此为依据确定本课程的工作任务和课程内容。将国际航运管理等专业所涉及的国际航运业务操作和管理的基础知识分解成若干教学活动，在校内实习和校外顶岗实习中加深对专业知识、技能的理解和应用，培养学生的综合职业能力和可持续发展能力。整个课程内容以够用为原则。

2. 课程目标

通过"工学结合、校企合作"的工作过程、系统化课程开发的任务驱动型的项目活动，培养学生具有良好职业道德、专业技能水平、可持续发展能力，使学生掌握国际航运业务经营管理的基本知识与国际航运业务操作的基本技能，初步形成一定的学习能力和课程实践能力，并培养学生诚实、守信、善于沟通和合作的团队意识，及其海洋环境保护和国际航运安全意识，提高学生各专门化方面的职业能力，通过理论、实训、实习相结合的教学方式，边讲边学、边学边做、做中学、学中做，同时辅以网络课程教学和社会实践，使学生具有掌握技能掌握知识专业能力、学会学习学会工作的方法能力、学会共处学会做人的社会能力，最终把学生培养成为具有良好职业道德的、具有国际航运业务操作的管理理论和实践能力的、具有可持续发展能力的高素质高技能型专门人才，以适应市场对国际航运业务操作与管理人才的需求。

职业能力目标：

◎ 了解当前国际航线基本情况、主要通航运河、海峡基本信息；

◎ 掌握影响国际航运市场的基本因素；

◎ 掌握国际航运业务主要评价指标；

◎ 熟练掌握不定期船运输生产组织业务流程；

◎ 熟练掌握定期船运输生产组织业务流程；

◎ 掌握国际航运企业管理基本要求与方法；

◎ 能正确进行航次估算，在此基础上进行航次调度；

◎ 掌握国际航运业务操作中有关船舶防污染的基本要求及安全防范措施；

◎ 能够独立学习和工作，具有一定的创新能力；能够进行交流并有团队合作精神和职业道德素养。

3. 课程内容与要求

本课程的内容主要包括：国际航运企业的文化背景，国际航运业务操作岗位职业的要求，国际航运企业经营管理的基本理论、方法和技能，国际航运业务操作中有关防止船舶海洋污染规则及船舶航行安全管理要求等。

本课程采用课内讲授和实际操作的结合教学、案例分析、模拟实训、企业实践相结合的教学模式，落实“工学结合、精讲多练”的措施，教学内容围绕基础性和前沿性进行，以培养学生创新思维和实践能力为目的，围绕培养学生适应国际航运业务操作与管理主要职业岗位的技能训练核心，集传统教学方法及案例教育、多媒体、网络教学、企业实践等现代教育手段，理论联系实际，融知识传授、能力培养和素质教育于一体，着重培养学生的岗位职业道德、实际动手能力、适应岗位的能力、可持续发展能力，提高学生的技术应用能力和综合素质，同时辅以网络教学和社会实践，强化学生的专业能力、方法能力、社会能力，以适应国际航运企业对岗位职业的要求。

总之，《国际航运管理》在选取和组织课程内容时，应紧密围绕国际航运企业的操作过程，有目的地将国际航运业务操作、国际航运企业管理的专业知识的内容根据学生心理认知规律，按照国际航运业务操作工作过程展开。具体内容如下：

序号	工作任务	知识内容与要求	技能内容与要求	活动设计(举例)	参考学时
项目一	国际航运业务活动基础	(1)掌握国际航线分布； (2)掌握国际航线中主要通航运河、海峡基本参数； (3)掌握船舶、港口基本参数	(1)培养学生收集资料、拣选资料的能力； (2)培养学生认识地图，并且具有全局观念，为其成为职业人打好基础	了解国际主要航线走向，学生通过上网查询资料，掌握与国际航运活动有关的数据	8
项目二	国际航运市场及运价的变化规律	(1)影响国际航运市场的主要因素； (2)集装箱、铁矿石、原油等主要货源主要运价指数	(1)收集近20年国际航运市场资料； (2)对比2008年以来国际航运市场主要几种货源运价指数，进行分析和预测	收集2008年上半年以及下半年有关航运市场资料进行分析比较，形成分析报告	6
项目三	国际航运活动主要指标及意义	(1)国际航运活动主要指标及计算； (2)国际航运指标的应用	(1)指标分析； (2)指标的运用	案例分析	6
项目四	不定期船营运业务	(1)不定期船营运主要方式及特点； (2)不定期船航次估算； (3)不定期船营运管理	(1)不定期船营运组织方式进行分析； (2)不定期船航次估算，计算相关指标	通过航次估算案例进行分析	14

续上表

序号	工作任务	知识内容与要求	技能内容与要求	活动设计(举例)	参考学时
项目五	定期船营运业务	(1)定期船(班轮运输)营运特点; (2)班轮运输组织方式; (3)班轮船期表	(1)班轮运输营运组织方式分析; (2)班轮运输组织管理; (3)船期表的查询	通过航次估算案例进行分析	12
项目六	国际航运相关市场	(1)造船市场分析; (2)二手船买卖市场分析; (3)拆船市场分析	查阅相关资料,对当前国际航运市场有关造船、二手船买卖、拆船行情进行分析	结合当前国际航运市场情况对相关航运市场进行调研分析,形成分析报告	6
项目八	国际航运企业管理	(1)国际航运企业经营管理微观环境分析; (2)国际航运企业经营管理中观环境分析; (3)国际航运企业经营管理宏观环境分析	通过网络资源以及到国际航运企业进行调研等途径,收集影响国际航运企业营运管理的内、外部因素	结合案例,分组进行讨论分析	6
项目九	国际班轮运输中集装箱配置	(1)航线集装箱配置量分析; (2)空箱调运; (3)租箱问题	(1)简单航线配箱分析; (2)租箱与空箱调运问题分析	分组进行方案的论证	10
项目十	国际航运安全管理	(1)ISM 规则; (2)船舶营运安全管理	学生查阅相关资料,分析对影响船舶安全与海洋污染的因素	案例分析	4
合计					72

4. 实施建议

4.1　教材编写

(1)打破传统的学科教材模式,以本课程标准为依据进行教材编写。

(2)校企联合编写适合工学结合的教材,教材编写以"校企合作、工学结合"培养高技能人才的要求为目标,注重能力本位的原则,力求突出"理论够用、重在实操"和"简单明了、方便实用"的特色,内容应具有较强的应用性和针对性,编写的目的主要是为了培养具有良好职业道德、具有一定理论知识、具有较强操作和管理实践能力、具有可持续发展能力的、为企业所欢迎的高技能应用性仓储管理经营和操作人才。

(3)通过工作任务的需求,从有利于各专门化课程的学习出发,以够用为原则,设定能力目标及能力标准,引入高职学生所必需的理论知识,加强实际操作能力的训练。

(4)教材应图文并茂,提高学生的学习兴趣并加深学生对国际航运业务管理知识的理解与掌握。

(5)对于涉及国际航运管理、水运管理、港口与航运管理等专业岗位的实践活动,教材应以岗位的操作规程为基准，并将其纳入其中。

（6）为教材配置专门的多媒体光盘，以利教学和学生自学的需要。

4.2 教学建议

（1）本课程在教学过程中，应立足于岗位职业能力的形成，注重对学生专业能力、方法能力、社会能力的培养，采用“校企合作、工学结合”模式进行项目教学，以任务驱动型的项目活动，提高学生的学习兴趣。

（2）本课程教学须充分利用学校和企业的两种资源，学校专职教师与企业兼职教师教学相结合，采用现代多媒体教学与企业现场实践教学相结合，注重学做结合，边讲边学，教与学互动，做中学，学中做，强化学生实践能力、实现学生岗位职业能力的提高。

（3）在教学过程中，要创设工作情境，强化实际操作训练；要紧密结合职业技能证书的考核，在操作训练中，使学生掌握国际航运管理与作业的相关知识。

（4）在教学过程中，要尽可能采用多媒体教学、仿真实训室、实训软件、实物教学、国际航运企业现场教学模式。

（5）尽量采用小班化教学。

（6）学校专职教师应具“有双师型”工作能力，具有与课程内容相关的国际航运业务操作与管理能力，从学生实际出发，因材施教，着力培养学生对本课程的学习兴趣，从而提高学生学习的主动性和积极性。

（7）企业兼职教师应具有一定的普通话基础，并掌握一定的教学、教育相关知识，在进行示范性教学时，能充分表达所教授的内容。

（8）在教学过程中辅以网络教学和暑期社会实践，以进一步促进学生社会能力的形成。

4.3 教学评价

（1）改革考核手段和方法，加强实践性教学环节的考核，可采用过程考核和结果考核相结合的考核方法。

（2）由学校主讲老师和企业兼职老师结合考勤情况、学习态度、学生作业、平时测验、实验实训、技能竞赛、顶岗实习情况及考核情况，共同综合评定学生成绩。

（3）应注重对学生动手能力和在实践中分析问题、解决问题能力的考核，对在学习和应用上有创新的学生应给予特别鼓励，对学生的能力进行综合评价。

4.4 课程资源的开发与利用

（1）注重实训指导书和实验实训标准的开发和应用。

（2）注重常用课程资源的开发。充分利用挂图、幻灯片、投影片、录像带、视听光盘、多媒体软件、电子教案资源创设形象生动的工作情境，激发学生的学习兴趣，促进学生对知识的理解和掌握。建议加强常用课程资源的开发，建立多媒体课程资源的数据库，努力实现跨学校多媒体资源的共享，以提高资源利用效率。

（3）积极开发和利用网络课程资源。充分利用诸如电子书籍、电子期刊、数据库、数字图书馆、教育网站和电子论坛等网络信息资源，使教学媒体从单一媒体向多种媒体转变，使教学活动从信息的单向传递向双向交互转变，使学生从单独的学习向合作学习转变。

（4）校企合作开发实验实训课程资源。充分利用本行业典型企业的资源，加强校企合作建立校内、校外实训基地，满足学生的实习实训需求，在此过程中进行实验实训课程资源的开发，同时为学生提供就业机会，开创就业渠道。

（5）建立开放式实验实训中心，使之具备职业技能考核、实验实训、现场教学的功能，将教学与培训教材合一、教学与实训合一，满足高职学生综合职业能力培养的需求。

5. 其他

(1)在教学过程中，要求配备一定比例的兼职教师，以满足工学结合教学的需要。

(2)密切校企合作，确保工学结合教学的顺利进行。

(3)在教学过程中，要求配备一定数量的国际航运业务操作作业软件，以保障教学的进行。

(4)本课程适用于三年制高等职业院校国际航运管理、水运管理、港口与航运管理专业，同时也适用于港口业务管理、港口物流管理等专业，还适合国际航运企业的培训教学。

《集装箱码头操作》课程标准

【课程名称】

集装箱码头操作

【适用专业】

水运管理、国际航运管理、港口与航运管理等

【参考学时】

51 学时

1. 前言

1.1 课程性质

本课程是水运管理、港口与航运管理、港口业务管理等专业的专业核心课程，其功能在于培养学生具备集装箱码头经营管理能力、集装箱码头装卸操作能力等多种岗位职业能力，达到相关专业高职学生应具备的岗位职业能力要求，培养学生分析问题与解决问题的能力、集装箱码头操作与管理岗位职业能力、职业道德素养及可持续发展能力，为水运管理、港口与航运管理、港口业务管理等专业高职学生的顺利就业打下基础。

1.2 设计思路

本课程的设计思路是以就业为导向，邀请行业专家对水运管理、港口与航运管理、港口业务管理专业所涵盖的岗位群进行工作任务和职业能力分析，并以此为依据确定本课程的工作任务和课程内容。根据水运管理等专业所涉及到的集装箱码头管理基础知识内容，分解成若干教学活动，在校内实习和校外顶岗实习中加深对专业知识、技能的理解和应用，培养学生的综合职业能力和可持续发展能力。整个课程内容以够用为原则。

2. 课程目标

通过“工学结合、校企合作”的工作过程系统化课程开发的任务驱动型的项目活动，培养学生具有良好职业道德、专业技能水平、可持续发展能力，使学生掌握集装箱码头经营管理的基本知识与集装箱码头操作的基本技能，初步形成一定的学习能力和课程实践能力，并培养学生诚实、守信、善于沟通和合作的团队意识，及其环保、节能和安全意识，提高学生各专门化方面的职业能力，通过理论、实训、实习相结合的教学方式，边讲边学、边学边做、做中学、学中做，同时辅以网络课程教学和社会实践，使学生具有掌握技能掌握知识专业能力、学会学习学会工作的方法能力、学会共处学会做人的社会能力，最终把学生培养成为具有良好职业道德的、具有集装箱码头操作的管理理论和实践能力的、具有可持续发展能力的高素质高技能型专门人才，以适应市场对集装箱码头操作与管理人才的需求。

职业能力目标：

◎ 掌握班轮运输货运程序；

◎ 能填写班轮运输货运单证；

◎ 掌握集装箱运输货运程序；

◎ 熟悉航次租船合同主要条款；

◎ 能够计算航次租船合同中的装卸时间和滞期/速遣费；

◎ 能够计算班轮运输件杂货、集装箱运价；

◎ 能掌握船舶代理的备用金管理制度；

◎ 能正确处理货运事故索赔及证据搜集；

◎ 能够独立学习和工作，具有一定的创新能力，能够进行交流并有团队合作精神和职业道德素养。

3. 课程内容与要求

本课程的内容主要包括：集装箱码头企业的文化背景，集装箱码头操作岗位职业的要求，集装箱码头经营管理的基本理论、方法和技能，集装箱码头装卸操作中主要设备的基本性能及参数，集装箱码头作业过程安全管理等。

本课程采用课内讲授和实际操作的结合教学、案例分析、模拟实训、企业实践相结合的教学模式，落实"工学结合、精讲多练"的措施，教学内容围绕基础性和前沿性进行，以培养学生创新思维和实践能力为目的，围绕培养学生适应集装箱码头主要职业岗位为技能训练核心，集传统教学方法及案例教育、多媒体、网络教学、企业实践等现代教育手段，理论联系实际，融知识传授、能力培养和素质教育于一体，着重培养学生的岗位职业道德、实际动手能力及适应岗位的能力、可持续发展能力，提高学生的技术应用能力和综合素质，同时辅以网络教学和社会实践，强化学生的专业能力、方法能力、社会能力，以适应集装箱码头企业对岗位职业的要求。

总之，《集装箱码头操作》在选取和组织课程内容时，应紧密围绕集装箱码头的操作过程，有目的地将集装箱码头、集装箱运输的专业知识的内容根据学生心理认知规律，按照集装箱码头操作工作过程展开。具体内容如下：

教学内容模块一：集装箱船舶靠、离码头作业

对应工作岗位：集装箱码头泊位计划员

培养目标：培养学生对胜任集装箱码头的泊位统一规划、船舶调度指挥、集装箱码头机械设备协调等方面的工作。

教学时间安排：8 学时。

教学模块主要内容及重点、难点：

1）泊位分配图的制作

制作泊位分配图的依据：

（1）船公司船期表：要求学生能看懂各集装箱班轮公司的船期表，主要通过《中国航务周刊》、《广东航务周刊》等专业杂志了解。

（2）码头泊位分布图：要求学生了解码头每个泊位的岸线长度、泊位水深等方面情况，并能绘制集装箱码头泊位分布平面图。

（3）码头收箱和出口箱情况：要求学生了解每艘船、每个航次的收箱情况及出口箱在堆场内的摆放位置。

（4）码头前方装卸机械情况：要求学生了解集装箱码头主要装卸机械配备、装卸机械的主要性能力参数等。

2）泊位计划岗位职责

（1）制订集装箱大船船期计划：根据集装箱班轮船公司公布的船期表，通过电话或电子邮件的形式向船公司及其代理确认 ETA（船舶预计抵港时间）和 ETD（船舶预计离港时间），根据集装箱码头现实工作动态，编制船舶靠泊作业图，并加强与口岸管理部门联系，确保船舶能按

时进港作业，同时安排装卸作业机械。

(2)驳船作业安排：接受船公司船期预报，安排作业顺序，并在驳船监控系统中输入到港时间、泊位、靠离时间、开完工时间，并安排装卸作业机械。

3)泊位计划操作流程

泊位计划操作流程如下图所示：

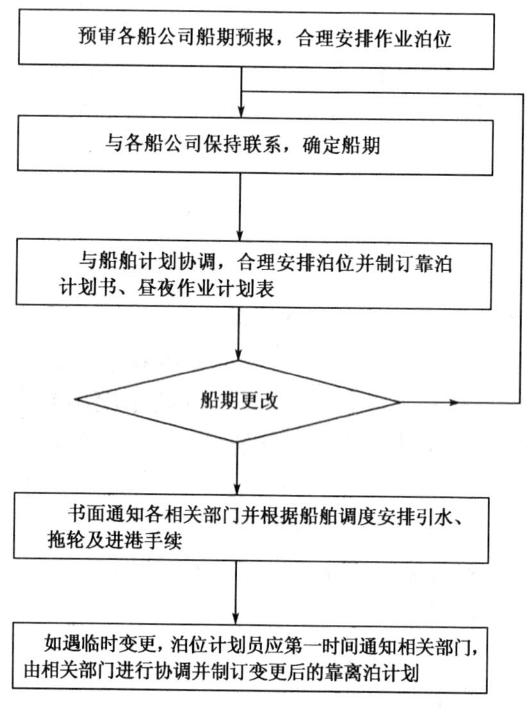

泊位计划操作流程

教学内容模块二：集装箱码头装卸作业

对应工作岗位：集装箱码头装卸指导员

培养目标：培养学生能胜任集装箱码头装卸作业现场有关船舶装卸作业、集装箱堆场装卸作业、集装箱码头安全管理等方面的工作。

教学模块主要内容及重点、难点：

1)控制室

主要职责负责集装箱码头堆场及船舶装卸作业指挥与调度。具体作业：

(1)船舶作业控制：根据船舶靠泊指令安排船舶靠离泊位，安排解、系缆人员；预审船图，根据计划安排装卸作业线；根据船舶作业量，提前安排机械在计划作业区域候工；根据计划指令，对作业机械下达作业指令；处理作业过程中出现的各类问题。

(2)堆场作业控制：根据集装箱码头堆场各区域作业需要，合理分配及调控场地机械的作业范围；根据堆场计划的移箱指令安排移箱作业；根据堆场计划指令安排海关查验移箱作业；根据移箱指令，对作业机械下达作业指令，并跟踪机械的作业进度；及时处理堆场作业过程中出现的各种问题。

(3)资源控制与调配：根据员工排班计划合理安排出勤人员上机上岗；根据人员和可使用的机械合理分配作业机械及作业区域；根据整体作业计划对作业机械实时调度，满足所有作业需要。控制室的整体作业流程如下图所示：

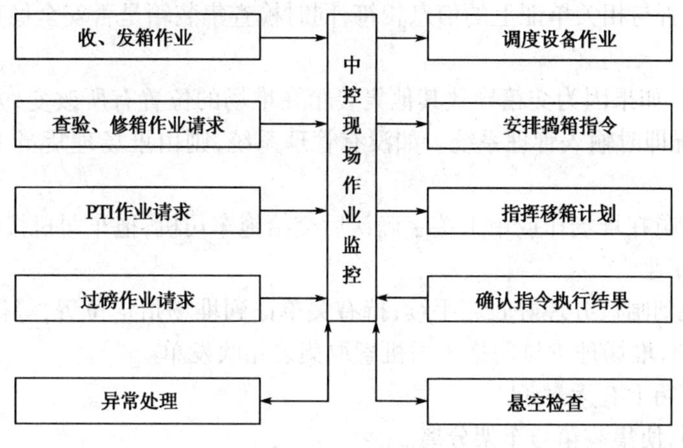

控制室的整体作业流程

2)船舶装卸作业

主要职责:具体负责集装箱码头船舶的装卸作业组织。具体操作流程如下图所示:

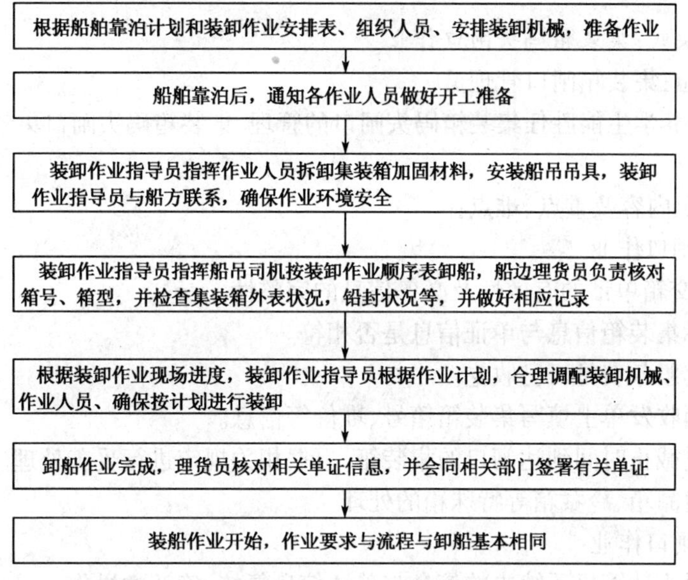

船舶装卸作业流程

教学内容模块三:集装箱码头堆场作业

对应工作岗位:集装箱堆场箱务管理员

培养目标:培养学生能胜任集装箱码头堆场集装箱的管理、集装箱堆场装卸作业组织、集装箱码头堆场安全管理等方面的工作。

教学模块主要内容及重点、难点:

1)堆场交箱作业

堆场交箱是指货主前来集装箱码头提箱时,码头将集装箱交给货主(拖车)。

(1)拖车司机到闸口办理好交箱手续,持有关单证到堆场指定位置,等待龙门吊来或正面吊装箱。在装箱前,堆场理货员向拖车司机索取集装箱收发单。

(2)堆场理货员指示龙门吊来或正面吊司机到指定位置取箱并装到拖车上,同时核对集装箱箱号、标志是否与相关单证上的信息相符,同时检查集装箱是否安全稳妥地正放在拖车车架上。

(3)交重箱时,如果因为交箱导致其他集装箱在堆场的位置有所改变,龙门吊来或正面吊司机应将变动情况即时输入管理系统。如没有管理系统,则由堆场理货员书面记录箱位变动情况。

(4)堆场理货员在堆场作业单上签字确认后交给拖车司机,拖车司机按要求拖箱离开。

2)堆场收箱作业

(1)拖车司机到闸口办理好收箱手续,持有关单证到堆场指定位置,等待龙门吊来或正面吊卸箱。在卸箱前,堆场理货员向拖车司机索取集装箱收发单。

(2)检查集装箱上有无封条。

(3)打开旋锁,使集装箱与车架分离。

(4)指示龙门吊来或正面吊司机将箱卸到堆场指定的位置。

(5)堆场理货员将正确的收箱位置输入集装箱码头信息管理系统。

(6)堆场理货员在堆场作业单上签字确认收箱后交给拖车司机,指示拖车司机按规定离开堆场。

教学内容模块四:集装箱码头闸口作业

对应工作岗位:集装箱闸口管理员

培养目标:培养学生能胜任集装箱码头闸口的管理、集装箱码头闸口集装箱的交接等方面的工作。

教学模块主要内容及重点、难点:

1)集装箱进闸口作业

(1)审核提、交箱单证的有效性及必备信息的完整性。

(2)审核实际集装箱信息与单证信息是否相符。

(3)审核拖车服务费是否已收讫。

(4)在集装箱收发单上填写集装箱箱号、堆位等信息。

(5)对于超过截止时间到达闸口的集装箱,根据相关规定进行妥善处理。

(6)对于危险品箱、冷藏箱等特殊箱的处理。

2)集装箱出闸口作业

(1)集装箱码头计算机系统中的信息与单证信息复核、确认的操作。

(2)审核实际集装箱信息与单证信息是否相符合。

(3)海关放行信息的打印、确认。

(4)对出闸前发现的残损箱进行信息处理。

(5)在拖车出闸前,对所发现的特殊问题及时反馈并处理。

教学内容模块五:集装箱码头商务计费作业

对应工作岗位:集装箱码头商务计费员

培养目标:培养学生能胜任集装箱码头装卸作业费的计收、集装箱运费的计收等方面的工作。

教学模块主要内容及重点、难点:

1)商务计费及审核处理

(1)集装箱装卸费用的计收。

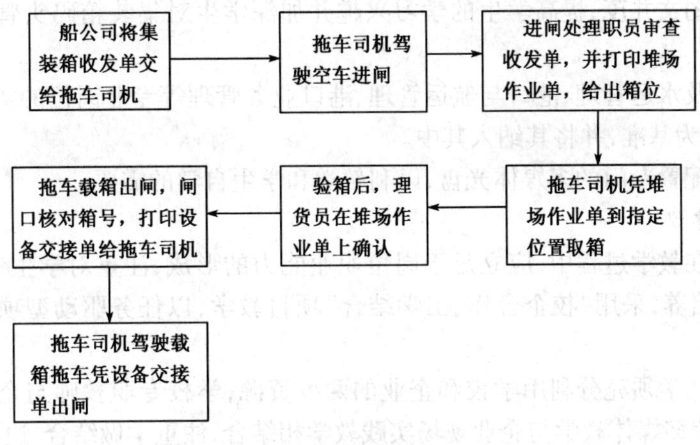

集装箱重箱出闸操作流程

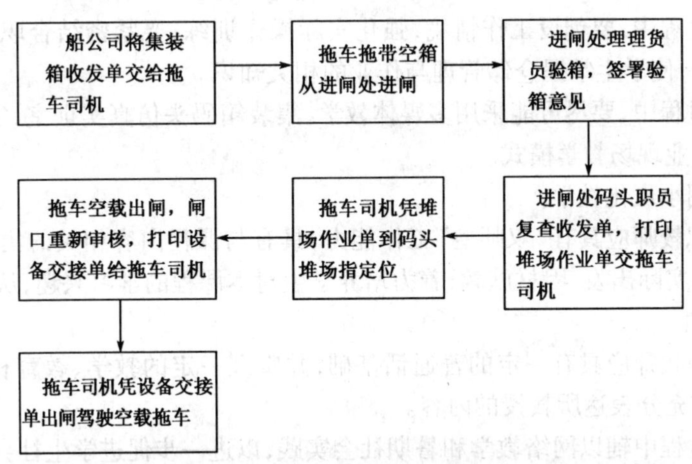

集装箱空箱进闸操作流程

(2)集装箱堆场存放费用的计收。

(3)集装箱码头堆场作业费的计收。

(4)拖车费用的计收。

2)商务发票的生成

3)客户资料的管理

4. 实施建议

4.1　教材编写

(1)打破传统的学科教材模式,以本课程标准为依据进行教材编写。

(2)校企联合编写适合工学结合的教材,教材编写以“校企合作、工学结合”培养高技能人才的要求为目标,注重能力本位的原则,力求突出“理论够用、重在实操”和“简单明了、方便实用”的特色,内容应具有较强的应用性和针对性,编写目的主要是培养具有良好职业道德、具有一定理论知识、具有较强操作和管理实践能力、具有可持续发展能力的、为企业所欢迎的高技能应用性集装箱码头经营管理和操作人才。

(3)通过工作任务的需求,从有利于各专门化课程的学习出发,以够用为原则,设定能力目标,能力标准,引入高职学生所必需的理论知识,加强实际操作能力的训练。

(4)教材应图文并茂，提高学生的学习兴趣并加深学生对集装箱码头管理知识的理解与掌握。

(5)对于涉及水运管理、港口与航运管理、港口业务管理等专业岗位的实践活动教材应以岗位的操作规程为基准，并将其纳入其中。

(6)为教材配置专门的多媒体光盘，以利教学和学生自学的需要。

4.2 教学建议

(1)本课程在教学过程中，应立足于岗位职业能力的形成，注重对学生专业能力、方法能力、社会能力的培养，采用“校企合作、工学结合”项目教学，以任务驱动型项目活动提高学生的学习兴趣。

(2)本课程教学须充分利用学校和企业的两种资源，学校专职教师与企业兼职教师教学相结合，采用现代多媒体教学与企业现场实践教学相结合，注重学做结合，边讲边学，教与学互动，做中学，学中做，强化学生实践能力和岗位职业能力的提高。

(3)在教学过程中，要创设工作情境，强化实际操作训练；要紧密结合职业技能证书的考核，在操作训练中，使学生掌握仓储管理与作业的相关知识。

(4)在教学过程中，要尽可能采用多媒体教学、集装箱码头仿真实训室、实训软件、实物教学、集装箱码头企业现场教学模式。

(5)尽量采用小班化教学。

(6)学校专职教师应具有“双师型”工作能力，具有与课程内容相关的集装箱码头作业与管理能力，从学生实际出发，因材施教，着力培养学生对本课程的学习兴趣，从而提高学生学习的主动性和积极性。

(7)企业兼职教师应具有一定的普通话基础，并掌握一定的教学、教育相关知识，在进行示范性教学时，能充分表达所教授的内容。

(8)在教学过程中辅以网络教学和暑期社会实践，以进一步促进学生社会能力的形成。

4.3 教学评价

(1)改革考核手段和方法，加强实践性教学环节的考核，可采用过程考核和结果考核相结合的考核方法。

(2)由学校主讲老师和企业兼职老师结合考勤情况、学习态度、学生作业、平时测验、实验实训、技能竞赛、顶岗实习情况及考核情况，共同综合评定学生成绩。

(3)应注重对学生动手能力和在实践中分析问题、解决问题能力的考核，对在学习和应用上有创新的学生应给予特别鼓励，对学生的能力进行综合评价。

4.4 课程资源的开发与利用

(1)注重实训指导书和实验实训标准的开发和应用。

(2)注重常用课程资源的开发。充分利用挂图、幻灯片、投影片、录像带、视听光盘、多媒体软件、电子教案资源创设形象生动的工作情境，激发学生的学习兴趣，促进学生对知识的理解和掌握。建议加强常用课程资源的开发，建立多媒体课程资源的数据库，努力实现跨学校多媒体资源的共享，以提高资源利用效率。

(3)积极开发和利用网络课程资源。充分利用诸如电子书籍、电子期刊、数据库、数字图书馆、教育网站和电子论坛等网络信息资源，使教学媒体从单一媒体向多种媒体转变，使教学活动从信息的单向传递向双向交互转变；使学生从单独的学习向合作学习转变。

(4)校企合作开发实验实训课程资源。充分利用本行业典型企业的资源，加强校企合作建立校内、校外实训基地,满足学生的实习实训需求,在此过程中进行实验实训课程资源的开发,同时为学生提供就业机会,开创就业渠道。

(5)建立开放式实验实训中心,使之具备职业技能考核、实验实训、现场教学的功能,将教学与培训教材合一、教学与实训合一,满足对高职学生综合职业能力培养的需求。

5. 其他

(1)在教学过程中,要求配备一定比例的兼职教师,以满足工学结合教学的需要。

(2)密切校企合作,确保工学结合教学的顺利进行。

(3)在教学过程中,要求配备一定数量的集装箱码头操作作业软件,以保障教学的进行。

(4)本课程适用于三年制高等职业院校水运管理、港口与航运管理、港口业务管理等专业,同时也适用于港口物流管理、国际航运业务管理专业,同时适合集装箱码头企业的培训教学。

《集装箱港口信息系统》课程标准

【课程名称】

集装箱港口信息系统

【适用专业】

水运管理、国际航运管理、港口与航运管理、港口业务管理等

【参考学时】

34 学时

1. 前言

1.1 课程的性质

本课程是水运管理、港口业务管理以及港口与航运管理等专业的专业必修课，是本专业学生必须掌握的职业技能课程。本课程为珠江三角洲地区集装箱港口企业工作需求而开设，课程对应的工作岗位明确，实用性较强。本课程要求学生了解我国集装箱港口企业现状，了解信息系统的体系及结构，掌握港口信息系统的功能、操作流程及任务，为该专业学生从事集装箱码头工作岗位打下良好的基础。本课程应用性较强，前导课程较多，包括《港口装卸作业》或《港口装卸工艺学》、《集装箱运输业务》等课程，后续课程为《海商纠纷处理》等课程。

1.2 设计思路

本课程是根据水运管理专业学生应具备的职业能力而设立的。其总体设计思路为：配合《港口装卸作业》课程，引进港口企业真实使用的信息系统，通过模块化、任务化、小组化的形式来完成本课程的学习。主要授课地点应当是教室与实训室相结合，采用理论分析加上机操作的形式，采用角色扮演、小组对抗等多式多样的教学方法，完成教学任务，同时提高学生学习的兴趣，为学生提供丰富的教学资源和实践机会。本课程的考核将采用结果过程评价与结果评价相结合的方式，平时根据学生对于每个模块的学习效果加上期末的模拟实操成绩作为考核成绩。最大程度上考查学生对于港口信息系统的实际操作能力。

本课程的参考学时建议为 34 学时。

2. 课程目标

通过使用从佛山新港集装箱码头公司引进的信息管理系统，开发课程模块。培养学生具有良好的团队合作精神、集装箱港口信息系统操作能力，使学生掌握集装箱码头业务操作的基本技能，初步形成一定的学习能力和课程实践能力。具体课程目标包括：

（1）客户管理能力；

（2）集装箱港口业务操作能力；

（3）商务结算能力。

通过理论、实训、实习相结合的教学方式，边讲边学、边学边做、做中学、学中做，同时辅以网络课程教学和社会实践，使学生具有掌握技能掌握知识专业能力、学会学习学会工作的方法能力、学会共处学会做人的社会能力，最终把学生培养成为具有良好职业道德的、有集装箱码头企业业务运作的理论知识和实践能力的、具有可持续发展能力的高素质高技能型专门人才，以适应市场对港口业务人才的需求。

职业能力目标：

◎ 对港口信息系统数据进行初始化设置；

◎ 能够进行码头各项业务单证的录入、查询和管理；

◎ 能够对码头各项作业发生的费用进行自动化计算以及一部分变动费用的人工更正管理；

◎ 能够进行对码头业务作业的人员机械安排计划，对码头集装箱移动进行有效计划控制，对作业人员工作量的准确记录；

◎ 能够对码头堆场的进行划分，以及使用分配设置，对堆场集装箱的进行跟踪，对集装箱在堆场的堆放状况进行及时准确记录，有效检索集装箱信息和堆场的有效状况；

◎ 能够对码头对外运输车辆的调度管理，准确及时获得所需提运的货柜交接单资料，合理安排当前空闲车辆完成运输任务；

◎ 能够对出入闸口车辆的有效控制，记录所有进出闸口车辆和货柜的历史记录，控制货柜的进出状态以及箱体状况的检查；

◎ 能够统计各类码头所需上报的日报表、月报表、季报表、年报表等，并且为管理层提供更加有效灵活动态的管理分析数据显示。

3. 课程内容和要求

根据专业课程目标和涵盖的工作任务要求，确定课程内容和要求，说明学生应获得的知识、技能与态度。

序号	工作任务	知识内容与要求	技能内容与要求	活动设计(举例)	参考学时
项目一	港口信息系统设置	(1)集装箱港口岗位设置； (2)集装箱码头操作物流程； (3)码头业务数据流转； (4)码头操作管理专业词汇	(1)对系统动态数据代码进行设置； (2)公司资料的维护； (3)船舶信息维护； (4)集装箱基础资料、车辆机械资料维护	给出具体的公司岗位、客户船公司详细数据，珠三角港口、船舶数据等，要求学生完成港口信息系统的设置	4
项目二	进口卸船作业	(1)进口舱单的内容及作用； (2)卸船作业计划的内容； (3)船舶与货物过关； (4)进口卸船作业流程； (5)集装箱设备交接单的内容及作用；	(1)新建进口舱单的录入及审核； (2)货柜信息及货物信息的录入和审核； (3)船舶清关与货物海关放行； (4)如何进行卸船作业安排； (5)如何进行箱位计划安排	进行全体学生的小组分类，每个小组内分别定义为船公司、业务办单员、作业调度员、箱控员，协同完成进口卸船作业流程	6
项目三	出口装船作业	(1)堆场集装箱取箱计划； (2)出口舱单的内容及作用； (3)出口清关以及装船作业流程	(1)如何进行取箱及翻箱计划安排； (2)新建出口舱单的录入及审核； (3)如何进行清关和装船作业安排	进行全体学生的小组分类，每个小组内分别定义为船公司、业务办单员、作业调度员、箱控员，协同完成出口卸船作业流程	6

续上表

序号	工作任务	知识内容与要求	技能内容与要求	活动设计(举例)	参考学时
项目四	堆场委托作业流程	(1)堆场委托作业流程; (2)堆场计划岗位职责; (3)堆场管理与计划	(1)如何进行堆场委托作业; (2)如何进行堆场管理; (3)堆场移箱实际作业量的确定	进行全体学生的小组分类,每个小组内分别定义为业务办单员、作业调度员以及箱控员,协同完成堆场委托作业流程	6
项目五	提重回吉作业流程	(1)港口提重回吉作业流程; (2)闸口布局; (3)闸口岗位职责	(1)如何进行提重回吉作业; (2)如何进行调度派车计划; (3)货柜车重箱出闸检查; (4)提箱作业安排录入	进行全体学生的小组分类,每个小组内分别定义为业务办单员、车队调度员、司机、作业调度员以及闸口检查员,协同完成提重回吉作业流程	6
项目六	提吉回重作业流程	港口提吉回重作业流程	(1)如何进行提吉回重作业; (2)货柜车重箱入闸检查	进行全体学生的小组分类,每个小组内分别定义为业务办单员、车队调度员、司机、作业调度员以及闸口检查员,协同完成提吉回重作业流程	6
合计					34

4. 实施建议

4.1　教材编写

(1)教材建议采用自编教材:目前市场上尚无合适的本课程教材,参考教材有《集装箱码头操作与管理实训》,刘念主编,中国劳动社会保障出版社出版。

(2)校企联合编写适合工学结合的教材,教材编写建议参照《内河集装箱码头管理系统帮助使用文档》,以校企合作、工学结合培养高技能人才的要求为目标,注重能力本位的原则,力求突出“理论够用、重在实操”和“简单明了、方便实用”的特色,内容应具有较强的应用性和针对性,编写的目的主要是为了培养具有良好职业道德、具有一定理论知识、具有较强操作和管理实践能力、具有可持续发展能力的、为企业所欢迎的集装箱港口业务实用性的人才。

(3)教材应尽可能使用流程图、系统使用截图等,提高学生的学习兴趣并加深学生对集装箱码头信息系统的理解与掌握。

4.2　教学建议

(1)本课程在教学过程中,应立足于岗位职业能力的形成,注重对学生专业能力、方法能力、社会能力的培养,采用“校企合作、工学结合”项目教学,以任务驱动型的项目活动提高学生的学习兴趣。

(2)本课程教学须充分利用学校和企业的两种资源,学校专职教师与企业兼职教师教学相结合,采用现代多媒体教学与企业现场实践教学相结合,注重学做结合,边讲边学,教与学互动,做中学,学中做,强化学生实践能力和岗位职业能力的提高。

(3)在教学过程中,要创设工作情境,强化实际操作训练。保证一半以上学时是在实训室完成。

(4)在教学过程中,要尽可能采用多媒体教学、实训软件、实物教学、航运企业现场教学模式。

(5)尽量采用小班化教学。

(6)学校专职教师应具有“双师型”工作能力,具有与课程内容相关的集装箱港口信息系统操作能力,从学生实际出发,因材施教,着力培养学生对本课程的学习兴趣,从而提高学生学习的主动性和积极性。

(7)企业兼职教师应具有一定的普通话基础,并掌握一定的教学、教育相关知识,在进行示范性教学时,能充分表达所教授的内容。

4.3 教学评价

(1)改革考核手段和方法,加强实践性教学环节的考核,可采用过程考核和结果考核相结合的考核方法。

(2)应注重对学生动手能力和在实践中分析问题、解决问题能力的考核,对在学习和应用上有创新的学生应给予特别鼓励,对学生的能力进行综合评价。

4.4 课程资源的开发与利用

(1)注重实训指导书和实验实训标准的开发和应用。

(2)注重常用课程资源的开发。充分利用挂图、幻灯片、投影片、录像带、视听光盘、多媒体软件、电子教案资源创设形象生动的工作情境,激发学生的学习兴趣,促进学生对知识的理解和掌握。建议加强常用课程资源的开发,建立多媒体课程资源的数据库,努力实现跨学校多媒体资源的共享,以提高资源利用效率。

(3)积极开发和利用网络课程资源。充分利用诸如电子书籍、电子期刊、数据库、数字图书馆、教育网站和电子论坛等网络信息资源,使教学媒体从单一媒体向多种媒体转变,使教学活动从信息的单向传递向双向交互转变,使学生从单独的学习向合作学习转变。

(4)校企合作开发实验实训课程资源。充分利用本行业典型企业的资源,加强校企合作建立校内、校外实训基地,满足学生的实习实训需求,在此过程中进行实验实训课程资源的开发,同时为学生提供就业机会,开创就业渠道。

(5)建立开放式实验实训中心,使之具备职业技能考核、实验实训、现场教学的功能,将教学与培训教材合一、教学与实训合一,满足对高职学生综合职业能力培养的需求。

《船舶货运技术》课程标准

【课程名称】

船舶货运技术

【适用专业】

水运管理、国际航运管理、港口与航运管理、港口业务管理等

【参考学时】

56 学时

1. 前言

1.1　课程的性质

本课程是水运管理、国际航运管理、港口业务管理以及港口与航运管理专业的核心专业课程。通过本课程的学习，使学生了解船舶和货物的基础知识，具备初步的货运船舶货物配积载能力，包括各类货物在海上运输时的特点和要求，为本专业学生将来在货代、船务公司，船舶代理企业、港口企业工作打下良好的基础。在水运管理专业课程体系中，《船舶代理业务》属于专业基础课，将为后续课程的教学打下良好的基础。前导课程为《货物学基础》；后续课程为：《远洋运输业务》、《集装箱码头操作》、《港口物流管理》、《集装箱运输业务》、《船舶代理业务》、《外轮理货业务》等课程。此门课程具有较高的难度，对于学生三维空间的理解能力，复杂计算能力以及物理学知识都有着较高的要求。

1.2　设计思路

本课程是根据水运管理专业学生应具备的职业能力而设立的。其总体设计思路为，根据港口及船务公司配载部门的岗位设计来选取合适的内容，满足岸上管理人员的工作需要，为船舶配积载工作打下良好的基础。通过本课程的学习，使得学生了解船舶和货物的基础知识，对于充分利用船舶的载货能力、满足船舶稳性、强度条件、吃水差的要求和保证货运重量等方面有深入的理解；同时要求学生掌握各种特殊货物，包括危险货物、杂货、集装箱、散装谷物、散装固体货物和散装液体货物在海上运输时的特点和要求。本门课程包含的工作任务为：船舶结构及静水力参数认知，船舶稳性要求、校核及调整，船舶强度要求及计算，船舶吃水差要求、校核及调整，危险货物积载与隔离，杂货积载要求，集装箱积载要求，固体散装货物积载要求。

本门课程在教学过程中，必须提供船舶结构图片、视频等相关材料，带领学生参观各类船舶模型，直观掌握船舶结构。本课程除课堂学习外，还需要安排一周船舶货运设计大作业，以加强对于货物配积载能力的训练。

本课程的参考学时建议为 56 学时。

2. 课程目标

通过工作过程系统化课程开发的任务驱动型的项目活动，培养学生具有良好职业道德、专业技能水平、可持续发展能力，使学生掌握货运船舶配积载能力的基本技能，初步形成一定的学习能力和课程实践能力，并培养学生诚实、守信、善于沟通和合作的团队意识，提高学生在杂货船舶配积载，集装箱船舶配积载，固体散装货物船舶配积载等方面的职业能力，通过理论、实训、实习相结合的教学方式，边讲边学、边学边做、做中学、学中做，同时辅以网络课程教学和社

会实践，使学生具有掌握技能掌握知识专业能力、学会学习学会工作的方法能力、学会共处学会做人的社会能力，最终把学生培养成为具有良好职业道德的、具有集船舶货运技术理论知识和实践能力的、具有可持续发展能力的高素质高技能型专门人才，以适应市场对船务公司、港口公司积载业务人才的需求。

职业能力目标：

◎ 掌握船舶重量性能及容积性能；

◎ 能够使用船舶静水力参数图表进行计算；

◎ 能够计算船舶航次净载重量；

◎ 能够计算船舶稳性参数并进行船舶稳性的校核和检验；

◎ 能够计算船舶纵向强度；

◎ 能够计算船舶吃水差，并进行调整；

◎ 掌握危险货物的积载与隔离；

◎ 掌握各类杂货的积载要求及装运特点；

◎ 掌握集装箱货物的积载要求及装运特点；

◎ 掌握固体散装货物的积载要求及装运特点；

◎ 能够独立学习和工作，具有一定的创新能力，能够进行交流并有团队合作精神和职业道德素养。

3. 课程内容和要求

根据专业课程目标和涵盖的工作任务要求，确定课程内容和要求，说明学生应获得的知识、技能与态度。

序号	工作任务	知识内容与要求	技能内容与要求	活动设计（举例）	参考学时
项目一	船舶结构及静水力参数认知	（1）船舶的重量性能与容积性能； （2）船舶载重线含义； （3）货物化学物理性质； （4）货物的亏舱率、积载因素和自然损耗	（1）能够使用船舶静水力参数图； （2）能够观测船舶水尺标志、载重线标志以及载重线海图； （3）能够进行航次净载重量的计算	与实训中心联系，参观航海船艺室，要求学生掌握船舶类型、船舶结构	6
项目二	船舶稳性要求、校核及调整	（1）船舶稳性的衡准指标； （2）船舶稳性的种类； （3）IMO 以及海事部门对于船舶稳性的要求	（1）能够计算船舶静稳性参数； （2）能够查询船舶最小许用初稳性高度曲线； （3）能够进行船舶稳性的校核与检验	已知船舶的各舱重心距基线高度、各舱载重量、垂向重量力矩、空船重量、船舶常数，来计算船舶的初稳性高度，船舶横摇周期	6
项目三	船舶强度要求及计算	（1）船体的纵向强度条件； （2）船舶各货舱载重量分布要求	（1）能够掌握船舶各货舱对于载重量的分配； （2）能够分析不同的船舶总体布置情况对拱垂变形的影响	试分析：中机船、尾机船及中后机船对于拱垂变形的影响	8

续上表

序号	工作任务	知识内容与要求	技能内容与要求	活动设计(举例)	参考学时
项目四	船舶吃水差要求、校核及调整	(1)吃水差对于船舶的影响; (2)吃水差计算原理; (3)船舶吃水差及空载吃水的要求	(1)能够计算船舶首尾吃水; (2)能够计算少量载荷变动时吃水差; (3)能够使用船舶吃水差曲线图	案例:某轮已知各舱载荷重量、重心距船中距离、纵向重量力矩、空船重量以及船舶常数,请计算首尾吃水	6
项目五	危险货物积载与隔离	(1)国际危规和水路危规; (2)危险货物分类及特性; (3)危险货物的标志、标记、符号和包装; (4)危险货物运输事故的主要原因	(1)如何安排危险货物的积载与隔离; (2)如何进行危险货物的积载; (3)掌握危险货物海上运输全过程的安全管理	案例分析:《航海》杂志2007年第4期,杨智慧撰写稿件《海运危险货物集装箱积载隔离违反<国际危规>案件分析》	8
项目六	杂货积载要求	(1)杂货的分类及包装和标志; (2)杂货船的结构特点; (3)各类杂货的装载要求和原则	(1)识别国际贸易中货物包装的图案指示标志; (2)掌握木材甲板货装运特点; (3)掌握冷藏货物装运特点; (4)杂货船积载计划的一般编制程序	图形分析:在二层舱以俯视图标示,在底舱以正视图标示,给出图形请予以分析货物装载位置	8
项目七	集装箱货物积载要求	(1)集装箱外部尺寸及总重; (2)集装箱船舶种类; (3)集装箱船积载与装运特点; (4)集装箱系固设备	(1)能够进行危险集装箱的隔离配载; (2)能够进行普通集装箱的箱位选配; (3)编制集装箱船积载计划流程; (4)集装箱装卸过程注意事项	案例:识别集装箱BAY号	8
项目八	散装固体散装货物积载要求	(1)《散装固体货物安全操作规则》; (2)散装固体货物的分类及特性; (3)散装危险货物的隔离要求; (4)特殊散装固体货物的装运特点	(1)能够识别散装危险货物的隔离要求示意图; (2)能够进行散装货物的水尺计量	案例:种子饼在运输过程中易发生的危险	6
合计					56

4. 实施建议

4.1 教材编写

(1)教材编写可以采用工具书:大连海事大学出版社出版,沈玉如主编的《船舶货运》,大连海事大学出版社出版,徐邦祯主编的《海上货物运输》。教材应当以本课程标准为依据进行教材编写。

(2)校企联合编写适合工学结合的教材,教材编写应以校企合作、工学结合培养高技能人才的要求为目标,注重能力本位的原则,力求突出"理论够用、重在实操"和"简单明了、方便实用"的特色,内容应具有较强的应用性和针对性,编写的目的主要是为了培养具有良好职业道德、具有一定理论知识、具有较强操作和管理实践能力、具有可持续发展能力的、为企业所欢迎的从事船舶配积载业务的高技能人才。

(3)教材应图文并茂,提高学生的学习兴趣并加深学生对船舶货运技术的理解与掌握。

4.2 教学建议

(1)本课程在教学过程中,应立足于岗位职业能力的形成,注重对学生专业能力、方法能力、社会能力的培养,采用"校企合作、工学结合"项目教学,以任务驱动型的项目活动提高学生的学习兴趣。

(2)本课程教学须充分利用学校和企业的两种资源,学校专职教师与企业兼职教师教学相结合,采用现代多媒体教学与企业现场实践教学相结合,注重学做结合,边讲边学,教与学互动,做中学,学中做,强化学生实践能力和岗位职业能力的提高。

(3)在教学过程中,要加强船模室、船舶结构图册等教学资源的建设,力争使学生对于船舶结构有直观的了解。

(4)在教学过程中,要尽可能采用多媒体教学、实训软件、实物教学、航运企业现场教学模式。

(5)尽量采用小班化教学。

(6)学校专职教师应具有双师型工作能力,具有与课程内容相关的船舶货运技术能力,从学生实际出发,因材施教,着力培养学生对本课程的学习兴趣,从而提高学生学习的主动性和积极性。

(7)企业兼职教师应具有一定的普通话基础,并掌握一定的教学、教育相关知识,在进行示范性教学时,能充分表达所教授的内容。

4.3 教学评价

(1)改革考核手段和方法,加强实践性教学环节的考核,可采用过程考核和结果考核相结合的考核方法。

(2)由学校主讲老师和企业兼职老师结合考勤情况、学习态度、学生作业、平时测验、实验实训、技能竞赛、顶岗实习情况及考核情况,共同综合评定学生成绩。

(3)应注重对学生动手能力和在实践中分析问题、解决问题能力的考核,对在学习和应用上有创新的学生应给予特别鼓励,对学生的能力进行综合评价。

4.4 课程资源的开发与利用

(1)注重实训指导书和实验实训标准的开发和应用。

(2)注重常用课程资源的开发。充分利用挂图、幻灯片、投影片、录像带、视听光盘、多媒体软件、电子教案资源创设形象生动的工作情境,激发学生的学习兴趣,促进学生对知识的理解和掌握。建议加强常用课程资源的开发，建立多媒体课程资源的数据库，努力实现跨学校多媒体资源的共享，以提高资源利用效率。

(3)积极开发和利用网络课程资源。充分利用诸如电子书籍、电子期刊、数据库、数字图书馆、教育网站和电子论坛等网络信息资源，使教学媒体从单一媒体向多种媒体转变，使教学活动从信息的单向传递向双向交互转变，使学生从单独的学习向合作学习转变。

(4)校企合作开发实验实训课程资源。充分利用本行业典型企业的资源，加强校企合作建立校内、校外实训基地，满足学生的实习实训需求，在此过程中进行实验实训课程资源的开发，同时为学生提供就业机会，开创就业渠道。

(5)建立开放式实验实训中心，使之具备职业技能考核、实验实训、现场教学的功能，将教学与培训教材合一、教学与实训合一，满足高职学生综合职业能力培养的需求。

《物流基础》课程标准

【课程名称】

物流基础

【适用专业】

水运管理、国际航运管理、港口与航运管理、港口业务管理等

【参考学时】

34学时

1. 前言

1.1 课程的性质

本课程是水运管理、国际航运管理等专业的基础课程，本课程主要内容是讲授物流的概念及功能、物流的发展、物流管理原理、物流运输管理、物流技术装备、仓储管理、包装与装卸、企业物流与第三方物流、物流信息与供应链管理、国际物流、物流技术标准化与绿色物流等内容。通过本课程的学习，使学生掌握物流管理的基本知识，培养学生现代物流管理理念，具备一定的物流管理技能，培养学生的创新精神，拓展视野，形成健康的人生观，为学生从事物流相关工作打下良好的基础。在水运管理专业课程体系中，《物流基础》属于专业基础课。学生学习本课程需要的前导课程有《管理学》、《市场营销学》等，后续课程有《外贸仓储管理》、《配送与配送中心管理》、《港口物流管理》等。在进行某些章节的教学时，一定程度上需要西方经济学和企业管理等课程知识，为了加强学生的学习效果，教师需要给学生补充必要的相关知识。

1.2 设计思路

从传统观点来看，物流基础是一门理论性的课程，基本没有实践性的教学内容。但是，根据我们近年来的教学实践，物流基础课程并不是纯理论性的课程，而是具有较强的实践性特征，可以从多方面锻炼学生的综合能力。因此，制定物流基础课程标准应以培养学生的整体规划和应用能力为出发点，在教学过程中兼顾职业能力标准实施。以培养符合实际需要的高技能型人才为原则，从培养学生解决实际问题的能力出发，打破传统学科体系，以知识、技能、实际应用为主线设计教学内容，达到促进学生专业综合素质的提升的目的。

(1)根据课程的性质与基本理念确定课程的目标。

(2)根据课程的目标确定课程内容标准，在设计技能标准时，以明确的行为动词描述学生应达到的标准或底线，如“说出”、“解释”、“总结”、“识别”、“列举”、“辨认”、“解决”、“模拟”、“安装”、“举一反三”等具体的行为动词，改变传统教学大纲的“掌握”、“了解”、“理解”等模糊词汇。

(3)根据课程内容标准确定必修内容。

(4)在教学方面要完成的任务，实现的目的，是让学生带着问题学习，启发式、互动式、交互式教学方式并存，从实践到理论，再由理论到实践，进而在理论指导下进行实践，提高了实践的知识含量，使学生既知道该怎么做，又知道为什么这样做。教学过程中，要通过校企合作，校内实训基地建设等多种途径，采取工学结合，充分开发学习资源，给学生提供丰富的实践机会。教学效果评价采取过程评价与结果评价相结合的方式，通过理论与实践相结合，重点评价学生

的职业能力。本课程相关的职业标准为物流协会发布的《助理物流师》职业资格证书。

本课程的参考学时建议为34学时。

2. 课程目标

本课程总体目标:在知识方面,使学生掌握具有从事物流管理专业必需的基础知识,掌握物流管理应用的基本理论和基本方法,掌握物流管理各环节操作应用的实现过程。在能力方面,培养学生必须掌握物流管理的基本原理、基本知识和基本技能及方法,而且应学会分析和解决实际业务问题的能力。能够将物流管理的基本理论应用于实践,具备解决物流活动过程中的各种基本问题的能力,能够对物流业务中的难题进行刻苦钻研,并且经过再学习得以解决的能力,为取得助理物流师、物流师、国际货运代理、报检员或报关员等相关的职业资格证书打下一定基础。在素质方面,培养学生具有从事物流相关工作所必需的理论及实务操作应用的素质,能运用计算机从事物流操作活动中单据的制作、录入、处理、存储、传输、整理汇总等;培养学生具有继续学习、能独立获取新知识能力,具备分析和解决物流管理实际问题的基本能力,增强学生专业意识和专业洞察力,提高学生的专业素质和专业品质。

职业能力目标:

◎ 能掌握物流管理相关的基本概念;

◎ 能运用物流管理的基本理论分析现实物流管理问题;

◎ 能掌握现代物流相关资料的收集、甄选方法;

◎ 能够敏锐的捕捉和获取现代物流的相关信息并进行分析;

◎ 能构建物流网络及物流节点;

◎ 能掌握物流企业的形式及服务范围;

◎ 能掌握各种物流企业的基本运作流程;

◎ 能具有良好的物流从业道德,严谨的工作态度和良好的团队合作精神;

◎ 能将所学的现代物流专业知识融会贯通,在实际工作中加以运用,具有举一反三的能力。

3. 课程内容和要求

根据专业课程目标和涵盖的工作任务要求,确定课程内容和要求,说明学生应获得的知识、技能与态度。

序号	工作任务	知识内容与要求	技能内容与要求	活动设计(举例)	参考学时
项目一	物流与物流系统	(1)物流发展、基本概念、功能; (2)物流系统的组成及相关性	(1)能够说出物流的定义及物流的分类; (2)能够正确复述物流的七个功能要素及物流效用; (3)能够复述现代物流的特征及其发展趋势	结合案例分析,引导学生理解物流及物流系统。布置任务,将学生进行分组讨论,请学生代表上台阐述小组意见。 (1)案例分析,引导学生理解物流及物流系统; (2)实施学生分组,完成相关案例分析,搜集物流资料,以小组为单元进行答辩式讨论	2

续上表

序号	工作任务	知识内容与要求	技能内容与要求	活动设计(举例)	参考学时
项目二	物流运输业务	(1)物流运输方式; (2)物流运输合理化; (3)物流运输业务运作及基本程序	(1)熟悉五种基本运输方式,能复述五种运输方式各自的技术经济特点; (2)能够列举运输合理化的有效措施; (3)能解释物流运输业务运作的基本程序	介绍各种运输方式,分组进行模拟比赛,设计运输业务的方案。 (1)学生结合自身的经历,谈谈对运输的认识; (2)布置任务,实施物流运输方案设计比赛	6
项目三	物流仓储业务	(1)仓储概念及功能; (2)仓储业务流程; (3)库存管理	(1)能够阐释进货作业和商品出库业务流程; (2)能够针对具体的需求,设计并模拟进出库的作业流程; (3)能够利用条形码信息技术对仓库内存储的物资进行控制和管理; (4)能够利用ABC分类法进行库存管理的操作	假设成立一家物流仓储公司。 (1)学生结合自己的理解,设计一家物流仓储公司。要求:对财产、客户、市场、业务等进行分析; (2)设计该仓储公司内部仓库的平面布局图,并详尽分析其功能和业务流程; (3)设计储存物质,实施ABC分类管理	4
项目四	物流装卸与搬运	(1)物流装卸与搬运的机械设备; (2)物流装卸与搬运的方法; (3)合理化装卸与搬运的措施	(1)能够说出装卸搬运的概念和装卸搬运作业的分类; (2)能够识别装卸与搬运的各种设备; (3)能够举例说明如何实现装卸搬运合理化	课堂上采用图片与视频方式实施教学设计。 (1)详细介绍物流装卸与搬运的各种设备; (2)组织学生观看物流教学视频,要求说出视频中的各种设备以及合理化要求	4
项目五	物流包装业务	(1)物流包装、材料及类别; (2)物流包装的特殊技法; (3)集装化包装; (4)物流包装业务	(1)能够说出包装的含义、功能及分类; (2)能够结合实例说明包装合理化的途径; (3)能够简单操作打包机等设备,能够描述几种特殊包装技法	组织学生实施现场包装。 (1)详细介绍物流包装的材料、容器; (2)组织学生实施现场包装,介绍特殊的包装技法	4
项目六	物流配送业务	(1)物流配送的概念、特点、功能; (2)配送的业务流程; (3)配送中心的作业	(1)能够说出配送和配送中心的概念,并能结合实际说明它们各自的特点及功能; (2)能够举例说明配送的业务流程; (3)能够设计某物流节点配送合理化的方案	(1)结合案例,分组讨论配送及配送中心的运作; (2)布置任务,开展物流配送方案的设计比赛	4

续上表

序号	工作任务	知识内容与要求	技能内容与要求	活动设计(举例)	参考学时
项目七	物流信息技术	(1)物流信息系统的概念、构成; (2)物流信息技术的应用	(1)能够说出物流 EDI 含义及 EDI 系统的类型; (2)能解释条形码、RF、Intranet/Extranet./Internet 物流信息技术的特性及其好处; (3)能列举说明 EOS、POS、EFT、GPS、GIS 等在物流系统中的应用	布置任务,收集相关信息技术的资料。结合代表性的物流公司信息运作,分析其物流信息技术的应用。 (1)结合中远物流的资料,分析其物流信息技术的应用; (2)结合宝供物流的资料,分析其物流信息技术的应用	4
项目八	第三方物流	(1)第三方物流的概念; (2)第三方物流的运作; (3)第三方物流发展	(1)能够复述第三方物流及第三方物流企业所具有的优势; (2)能够比较说明第四方物流与第三方物流的区别	介绍一家第三方物流公司的业务及运作模式	4
项目九	国际物流	(1)国际货物运输; (2)国际货运代理; (3)保税物流	(1)能够描述国际物流系统运作的流程; (2)能够列举国际货物运输的主要方式及其选择要考虑的主要因素; (3)描述保税物流业务	设计一票货物的进口及出口的物流运作方案	2
合计					34

4. 实施建议

4.1 教材编写

(1)打破传统的学科教材模式,以本课程标准为依据进行教材编写。

(2)校企联合编写适合工学结合的教材,教材编写以“校企合作、工学结合”培养高技能人才的要求为目标,注重能力本位的原则,力求突出“理论够用、重在实操”和“简单明了、方便实用”的特色,内容应具有较强的应用性和针对性,编写的目的主要是培养具有良好职业道德、具有一定理论知识、具有较强操作和管理实践能力、具有可持续发展能力的、为企业所欢迎的高技能应用性仓储管理经营和操作人才。

(3)通过工作任务的需求,从有利于各专门化课程的学习出发,以够用为原则,设定能力目标,能力标准,引入高职学生所必需的理论知识,加强实际操作能力的训练。

(4)教材应图文并茂,提高学生的学习兴趣并加深学生对仓储管理实务知识的理解与掌握。

(5)对于涉及水运管理、港口与航运管理、港口业务管理等专业岗位的实践活动教材应以岗位的操作规程为基准,并将其纳入其中。

4.2 教学建议

(1)本课程在教学过程中,应立足于岗位职业能力的形成,注重对学生专业能力、方法能力、社会能力的培养，采用校企合作、工学结合项目教学，以任务驱动型的项目活动提高学生的学习兴趣。

(2)本课程教学须充分利用学校和企业的两种资源，学校专职教师与企业兼职教师教学相结合，采用现代多媒体教学与企业现场实践教学相结合，注重学做结合，边讲边学，教与学互动，做中学，学中做，强化学生实践能力和岗位职业能力的提高。

(3)在教学过程中，要以就业为导向，面向实际，应对具体的物流管理岗位群，突出操作技能的训练和培养，兼顾培养学生随物流的发展而不断获取知识和技能的发展能力。与在职物流人员相比，在校学生又缺乏对物流管理程序以及相关业务处理的深刻体会认识，因此，教学实施中要从学生的角度去体会可能会遇到的困难。对于学生，应尽可能地在物流管理实习实训的基础上去理解理论。

(4)尽量采用小班化教学。

(5)学校专职教师应具有双师型工作能力，具有与课程内容相关的物流管理能力，从学生实际出发，因材施教，着力培养学生对本课程的学习兴趣，从而提高学生学习的主动性和积极性。

(6)企业兼职教师应具有一定的普通话基础，并掌握一定的教学、教育相关知识，在进行示范性教学时，能充分表达所教授的内容。

4.3 教学评价

(1)改革考核手段和方法，加强实践性教学环节的考核，可采用过程考核和结果考核相结合的考核方法。

(2)由学校主讲老师和企业兼职老师结合考勤情况、学习态度、学生作业、平时测验、实验实训、技能竞赛、顶岗实习情况及考核情况，共同综合评定学生成绩。

(3)应注重对学生动手能力和在实践中分析问题、解决问题能力的考核，对在学习和应用上有创新的学生应给予特别鼓励，对学生的能力进行综合评价。

4.4 课程资源的开发与利用

(1)注重实训指导书和实验实训标准的开发和应用。

(2)注重常用课程资源的开发。充分利用挂图、幻灯片、投影片、录像带、视听光盘、多媒体软件、电子教案资源创设形象生动的工作情境，激发学生的学习兴趣，促进学生对知识的理解和掌握。建议加强常用课程资源的开发，建立多媒体课程资源的数据库，努力实现跨学校多媒体资源的共享，以提高资源的利用效率。

(3)积极开发和利用网络课程资源。充分利用诸如电子书籍、电子期刊、数据库、数字图书馆、教育网站和电子论坛等网络信息资源，使教学媒体从单一媒体向多种媒体转变，使教学活动从信息的单向传递向双向交互转变，使学生从单独的学习向合作学习转变。

(4)校企合作开发实验实训课程资源。充分利用本行业典型企业的资源，加强校企合作建立校内、校外实训基地，满足学生的实习实训需求，在此过程中进行实验实训课程资源的开发，同时为学生提供就业机会，开创就业渠道。

(5)建立开放式实验实训中心，使之具备职业技能考核、实验实训、现场教学的功能，将教学与培训教材合一、教学与实训合一，满足高职学生综合职业能力培养的需求。

《港口物流管理》课程标准

【课程名称】

港口物流管理

【适用专业】

水运管理、国际航运管理、港口与航运管理、港口业务管理等

【参考学时】

51学时

1. 前言

1.1　课程的性质

本课程是水运管理、港口与航运管理等专业的核心课程。本课程主要内容是讲授以现代港口为中心枢纽的国际物流业务运作以及基本管理技术和方法，包括船舶通关业务、货物进出港业务、港口生产计划与调度、港口理货业务、空港物流等基本知识。通过本课程的学习，使学生了解港口物流系统的相关岗位，培养学生现代港口物流相关岗位操作和管理技能，培养学生的创新精神，拓展视野，形成健康的人生观，为学生从事港口物流相关工作打下良好的基础。在水运管理专业课程体系中，《港口物流管理》属于专业核心课。学生学习本课程需要的前导课程有《物流基础》、《外贸仓储管理》、《港口管理》、《国际航运管理》等。

1.2　设计思路

主要包括本课程设置的依据、课程内容确定的依据（如工作任务完成的需要、中等高职院校学生的认知特点、相应职业资格标准）、项目编排的思路、课时安排说明（含总课时安排和各部分的课时分配，要指明是建议课时）。

本课程的设计思路是以就业为导向，邀请行业专家对水运管理、港口与航运管理等专业所涵盖的岗位群进行工作任务和职业能力分析，并以此为依据确定本课程的工作任务和课程内容。根据水运管理等专业所涉及到的港口物流业务操作和教学管理的基础知识内容，将它们分解成若干教学活动，在校内实习和校外顶岗实习中加深对专业知识、技能的理解和应用，培养学生的综合职业能力和可持续发展能力。

在课程内容上打破传统章节式的授课方法，以模块式教学、实际业务为任务驱动，并结合企业认知、软件实训培养学生的职能能力。

本课程的参考学时建议为51学时。

2. 课程目标

本课程总体目标：在知识方面，使学生掌握具有从事港口物流管理相关岗位必需的基础知识，掌握港口物流管理应用的基本理论和基本方法，掌握港口物流管理各环节操作应用的实现过程。在能力方面，培养学生必须掌握港口物流管理的基本业务、基本知识和基本技能及方法，而且应学会分析和解决实际业务问题的能力。能够将港口物流管理的基本理论应用于实践，具备解决港口物流活动过程中的各种基本问题的能力，能够对港口物流业务中的难题进行刻苦钻研，且经过再学习可得以解决的能力，为取得助理物流师、物流师、国际货运代理、理货员、报检员或报关员等相关的职业资格证书打下一定基础。在素质方面，培养学生具有从事港

口物流相关工作所必需的理论及实务操作应用的素质,能运用计算机从事港口物流操作活动中单据的制作、录入、处理、存储、传输、整理汇总等;培养学生具有继续学习、能独立获取新知识的能力,具备分析和解决物流管理实际问题的基本能力,增强学生专业意识和专业洞察力,提高学生的专业素质和专业品质。

职业能力目标:

◎ 能掌握港口物流管理相关的基本概念;

◎ 能运用港口物流管理的基本理论分析现实港口物流管理问题;

◎ 能掌握现代港口物流相关资料的收集、甄选方法;

◎ 能够明确港口物流业务中的相关岗位及其职责;

◎ 能够掌握港口物流中船舶通关业务;

◎ 能够掌握港口生产计划的制订与执行;

◎ 能够掌握货物进出港口的相关操作业务;

◎ 能掌握各种物流企业的基本运作流程;

◎ 能制作海陆空进出口流程中的相关单证;

◎ 能具有良好的物流从业道德,严谨的工作态度和良好的团队合作精神;

◎ 能将所学的现代物流专业知识融会贯通,在实际工作中加以运用,具有举一反三的能力。

3. 课程内容和要求

根据专业课程目标和涵盖的工作任务要求,确定课程内容和要求,说明学生应获得的知识、技能与态度。

序号	工作任务	知识内容与要求	技能内容与要求	活动设计(举例)	参考学时
项目一	港口业务	(1)港口的认知; (2)珠三角地区港口分析; (3)港口就业分析	(1)能够说出港口的功能、各部门的职责及具体业务; (2)能够识别珠三角港口的发展形势、业务性质、货源结构及不同港口的特点; (3)能够复述港口的需求及具体招聘职位和要求	结合视频和案例分析,引导学生理解港口系统。布置任务,将学生进行分组讨论,请学生代表上台阐述小组意见。 (1)视频案例分析,引导学生理解港口及其相关功能和业务; (2)实施学生分组,收集珠三角港口资料,以小组为单元进行答辩式讨论	8
项目二	港口物流业务	(1)港口物流经济; (2)港口物流企业; (3)珠三角港口物流业务运作及基本程序; (4)港口物流企业就业分析	(1)能够说出港口物流经济的特性; (2)能够列举港口物流企业的类型和各自的功能; (3)能够举例说明珠三角港口物流业务的运作及其基本程序; (4)能说出港口物流企业招聘需求	结合案例分析,引导学生理解港口物流业务,分组进行收集资料。 (1)结合案例,介绍港口物流经济特性; (2)布置任务,完成珠三角典型港口物流的资料搜集; (3)学生汇报所收集的资料; (4)介绍港口物流企业的招聘需求	8

续上表

序号	工作任务	知识内容与要求	技能内容与要求	活动设计(举例)	参考学时
项目三	船舶通关操作	(1)船舶进出港口业务; (2)通关业务; (3)船务公司业务	(1)能够阐释船舶进出港口的业务流程; (2)能针对具体的需求,设计并模拟船舶进出港口具体操作; (3)能进行运输工具的报关,填制报关单; (4)能列举船务公司业务及相关岗位职能	假设成立一家船务公司。 (1)学生结合自己的理解,设计一家船务。要求:对财产、客户、市场、业务等进行分析; (2)设计该船务公司业务运作方案,并详尽分析其功能和业务流程; (3)设计该船务公司的一条船舶即将挂靠某港口,具体的操作流程和注意事项	12
项目四	货物进出港操作	(1)货物的报检与报关; (2)港口货物的装卸与搬运; (3)货物进出港口的业务流程及相关单证	(1)能够识别装卸与搬运的各种设备; (2)能够列举港口的装卸搬运工艺; (3)能够进行货物的报检和报关,填制报关单; (4)能够设计货物进出港口的业务流程和制作相关单证	课堂上采用图片与视频方式实施教学设计。 (1)详细介绍物流装卸与搬运的各种设备及其装卸工艺; (2)组织学生设计货物进出港口的业务流程; (3)填制相关单证	12
项目五	代理操作	(1)货运代理业务操作; (2)船舶代理业务操作; (3)外轮理货业务	(1)能够结合实例说出货运代理的职责和业务操作流程; (2)能够结合实例说明船舶代理的职责和业务模式; (3)能够说出理货员的职责和业务	组织学生分组,分为4组,分别成立货代公司、船代公司、理货公司、港口公司。 (1)要求各组详细介绍自己所在公司的业务和职能; (2)货代、船代、理货、港口进行业务合作时的模拟; (3)学生总结并收集资料分析当前行业的业务发展特征	11
合计					51

4. 实施建议

4.1 教材编写

(1)打破传统的学科教材模式,以本课程标准为依据进行教材编写。

(2)校企联合编写适合工学结合的教材,教材编写以“校企合作、工学结合”培养高技能人才的要求为目标,注重能力本位的原则,力求突出“理论够用、重在实操”和“简单明了、方便实用”的特色，内容应具有较强的应用性和针对性，编写的目的主要是为了培养具有良好职业道德、具有一定理论知识、具有较强操作和管理实践能力、具有可持续发展能力的、为企业所欢迎的高技能应用性港口物流管理经营和操作人才。

(3)通过工作任务的需求，从有利于各专门化课程的学习出发，以够用为原则，设定能力目标，能力标准，引入高职学生所必需的理论知识，加强实际操作能力的训练。

(4)教材应图文并茂，提高学生的学习并加深学生对港口物流实务知识的理解与掌握。

(5)对于涉及水运管理、港口与航运管理、港口业务管理等专业岗位的实践活动教材应以岗位的操作规程为基准，并将其纳入其中。

4.2 教学建议

(1)本课程在教学过程中，应立足于岗位职业能力的形成，注重对学生专业能力、方法能力、社会能力的培养，采用“校企合作、工学结合”项目教学，以任务驱动型的项目活动提高学生的学习兴趣。

(2)本课程教学须充分利用学校和企业的两种资源，学校专职教师与企业兼职教师教学相结合，采用现代多媒体教学与企业现场实践教学相结合，注重学做结合，边讲边学，教与学互动，做中学，学中做，强化学生实践能力和岗位职业能力的提高。

(3)在教学过程中，要以就业为导向，面向实际，应对具体的港口物流管理岗位群，突出操作技能的训练和培养，兼顾培养学生随港口物流的发展而不断获取知识和技能的发展能力。与在职人员相比，在校学生缺乏对港口物流管理程序以及相关业务处理的深刻体会认识，因此，教学实施中要从学生的角度去体会可能会遇到的困难。对于学生，应尽可能地在港口物流管理实习实训的基础上去理解理论。

(4)尽量采用小班化教学。

(5)学校专职教师应具有“双师型”工作能力，具有与课程内容相关的港口物流管理能力，从学生实际出发，因材施教，着力培养学生对本课程的学习兴趣，从而提高学生学习的主动性和积极性。

(6)企业兼职教师应具有一定的普通话基础，并掌握一定的教学、教育相关知识，在进行示范性教学时，能充分表达所教授的内容。

4.3 教学评价

(1)改革考核手段和方法，加强实践性教学环节的考核，可采用过程考核和结果考核相结合的考核方法。

(2)由学校主讲老师和企业兼职老师结合考勤情况、学习态度、学生作业、平时测验、实验实训、技能竞赛、顶岗实习情况及考核情况，共同综合评定学生成绩。

(3)应注重对学生动手能力和在实践中分析问题、解决问题能力的考核，对在学习和应用上有创新的学生给予特别鼓励，综合评价学生的能力。

4.4 课程资源的开发与利用

(1)注重实训指导书和实验实训标准的开发和应用。

(2)注重常用课程资源的开发。充分利用挂图、幻灯片、投影片、录像带、视听光盘、多媒体软件、电子教案资源创设形象生动的工作情境，激发学生的学习兴趣，促进学生对知识的理解和掌握。建议加强常用课程资源的开发，建立多媒体课程资源的数据库，努力实现跨学校多媒体资源的共享，以提高资源的利用效率。

(3)积极开发和利用网络课程资源。充分利用诸如电子书籍、电子期刊、数据库、数字图书馆、教育网站和电子论坛等网络信息资源,使教学媒体从单一媒体向多种媒体转变,使教学活动从信息的单向传递向双向交互转变,使学生从单独的学习向合作学习转变。

(4)校企合作开发实验实训课程资源。充分利用本行业典型企业的资源,加强校企合作建立校内、校外实训基地,满足学生的实习实训需求,在此过程中进行实验实训课程资源的开发,同时为学生提供就业机会,开创就业渠道。

(5)建立开放式实验实训中心,使之具备职业技能考核、实验实训、现场教学的功能,将教学与培训教材合一、教学与实训合一,满足高职学生综合职业能力培养的需求。

《国际货运代理业务》课程标准

【课程名称】

国际货运代理业务

【适用专业】

水运管理、国际航运管理、港口与航运管理、港口业务管理等

【参考学时】

64 学时

1. 前言

1.1　课程的性质

本课程是水运管理、国际航运管理等专业的核心课程，通过本课程的学习，可以使学生明确国际货运代理基本知识，理解并掌握国际货运代理业务操作流程，熟练掌握国际海运货代、国际航空货代与国际多式联运的操作业务，培养学生从事国际货代订舱、国际货代单证及国际货代报关等职业能力，为本专业学生从事相关工作打下良好的基础。在水运管理专业课程体系中，《国际货运代理实务》属于核心专业课程。它的前导课程有《国际贸易理论与实务》、《交通运输地理》、《国际贸易单证实务》、《海商纠纷处理》，后续课程有《报关与报检实务》、《国际多式联运》、《国际货运代理模拟实训》。

1.2　设计思路

主要包括本门课程设置的依据、课程内容确定的依据（如工作任务完成的需要、中等高职院校学生的认知特点、相应职业资格标准）、项目编排的思路、课时安排说明（含总课时安排和各部分的课时分配，要指明是建议课时）。

(1)本门课程是根据水运管理专业人才培养方案中基本能力与专项能力分析表中的港航企业经营管理能力中的经营涉外运输能力而设立的。其总体设计思路是:通过国际货运代理实务课程的学习，学生可掌握国际货代企业主要业务的工作流程、主要业务岗位的工作职责以及各岗位之间的衔接关系，使其具备一定的业务实操能力、适岗能力、分析解决问题的能力和团队合作能力。它打破传统章节式的授课方法，纵向以模块式教学、实际业务为任务驱动的思路来设计课程，横向则以企业认知、基于工作过程的任务教学、工学交替式实习、软件实训四个板块构建。

①“企业认知” 即在课程开设之初带领学生对珠三角周边的典型国际货运代理企业实地参观，或请企业专家对该公司业务范围及各部门职能加以介绍，使学生对国际货运代理业务有一个感性认识。

②“基于工作过程的任务教学” 则以国际货运代理公司业务运作为背景，以企业各部门岗位职责和工作流程为主线，将课程按货代企业业务部门分为六大模块，每一模块包含若干任务，每一任务按各部门主体业务来设计。教师通过“任务引入”、“任务分解”、“各岗位执行任务”三个环节来指导学生完成任务，培养其业务能力；以“任务总结和改进”、“布置新任务”环节培养和检验学生自主完成任务的能力。

③“工学交替式实习” 是指课程进行中期，在学生已经掌握了一定的国际货运代理的知识和能力的前提下，教师组织学生到国际货代企业进行轮岗实习，由企业师傅指导学生完成实际

业务，学生在实习中可比对自己在课堂上完成的模拟业务与实际业务操作的异同，理论与实践相互激发、相互促进，达到提高实操能力的目的。

④"软件实训"，利用校内实训条件，开展国际货运代理软件的实际操作训练。

本课程相关的职业标准为中国国际货运代理协会（CIFA）发布的《国际货运代理》职业资格证书。

（2）本课程的参考学时建议为64学时。

2. 课程目标

通过"工学结合、校企合作"的工作过程，系统化课程开发的任务驱动型的项目活动，培养学生具有良好职业道德、专业技能水平、可持续发展能力，使学生掌握涉外运输经营管理的基本技能，初步形成一定的学习能力和课程实践能力，并培养学生诚实、守信、善于沟通和合作的团队意识，提高学生在国际货运代理行业工作的职业能力，通过理论、实训、实习相结合的教学方式，边讲边学、边学边做、做中学、学中做，同时辅以网络课程教学和社会实践，使学生具有掌握技能掌握知识专业能力、学会学习学会工作的方法能力、学会共处学会做人的社会能力，最终把学生培养成为具有良好职业道德的、具有集国际货运代理的理论知识和实践能力的、具有可持续发展能力的高素质高技能型专门人才，以适应市场对国际货运代理业务人才的需求。

职业能力目标：

◎ 能掌握国际货运代理人的经营范围；

◎ 能明确区分国际货运代理公司内部岗位的职责分工；

◎ 能掌握国际货物运输的实物操作流程；

◎ 能掌握国际货运代理中各类信息单据在公司内外流转的程序；

◎ 能掌握税费的计算，以及报关报检程序与业务的处理；

◎ 能熟练登录主要专业网站，自行查询各服务的现行报价、供求关系等信息；

◎ 能根据发货人、收货人的委托，制订客户订单；

◎ 能正确接受货主、承运人等客户的咨询；

◎ 能制作海陆空进出口流程重要单证；

◎ 能根据客户要求代办租船、订舱业务；

◎ 能对进出境商品办理保险，协助货主处理相关事故；

◎ 养成细致严谨、诚信向上、能吃苦耐劳、并具有较强团队合作意识的职业素质。

3. 课程内容和要求

根据专业课程目标和涵盖的工作任务要求，确定课程内容和要求，说明学生应获得的知识、技能与态度。

序号	工作任务	知识内容与要求	技能内容与要求	活动设计（举例）	参考学时
项目一	怎样建立国际货运代理公司	（1）掌握国际货运代理的概念、性质、国际组织、无船承运人； （2）基本的法律法规、行业惯例	（1）培养学生收集资料、拣选资料和掌握办理成立企业的相关手续能力； （2）以团队为单位组建公司，培养学生团队合作意识，为其成为职业人打好基础	将学生进行分组，各组以团队形式通过上网查询资料，组建一家国际货运代理公司	4

续上表

序号	工作任务	知识内容与要求	技能内容与要求	活动设计(举例)	参考学时
项目二	明确各国际货运代理公司的组织结构及基本职能和岗位设置	(1)国际货运代理公司的组织结构; (2)国际货运代理公司的基本职能和岗位设置	(1)自主成立国际货运代理公司; (2)构建其组织结构; (3)分析国际货运代理公司各岗位职责	各组详尽陈述其成立的国际货运代理公司,分析其组织结构及职能,介绍其岗位职责	4
项目三	各国际货运代理公司怎样开始开展海运集装箱班轮运输业务	(1)集装箱基础知识; (2)国际贸易基础知识; (3)国际集装箱班轮运输业务流程; (4)集装箱班轮运输单证	(1)如何识别集装箱; (2)如何开展国际贸易; (3)如何开展集装箱班轮运输业务; (4)如何识别集装箱班轮运输单证	(1)设计一票集装箱货物,通过图片和视频,使学生认识集装箱; (2)各组介绍国际贸易流程; (3)搜集资料列举集装箱班轮运输中的单证	4
项目四	海运出口业务	(1)揽货; (2)报价; (3)订舱; (4)制单; (5)报关报检	(1)如何揽货; (2)如何订舱; (3)如何制作单证; (4)如何报关报检	将各组的学生,按照其组建的国际货运代理公司分组,进行角色模拟,实施出口业务的实际操作训练	4
项目五	海运进口业务	(1)港口交接货物; (2)报关报检实务; (3)内陆承运; (4)货物交接收货人	(1)如何进行港口交接货物; (2)如何填写报关单; (3)如何缮制交货单证	让各组的学生,制作相关单证	6
项目六	国际航空货物运输	(1)国际航空货物运价与运费; (2)航空运单的填制; (3)国际航空货运进出口业务流程; (4)国际航空货运的赔偿	(1)如何计算航空运费; (2)如何填制航空运单; (3)如何开展国际航空货物运输; (4)如何计算索赔金额	假设一票货物实施航空运输,根据不同的运价条款,各组开展设计相关运输方案。包括确定运费、制作运单、业务流程、事故赔偿说明等	18
项目七	国际陆路货物运输	(1)国际公路货物运输的组织与业务流程; (2)国际铁路货物运输的组织与业务流程	(1)如何开展国际公路货运; (2)如何开展国际铁路货运	结合案例,各组进行分析	2
项目八	国际多式联运	(1)国际多式联运组织; (2)国际多式联运的法规、惯例	(1)如何开展国际多式联运; (2)如何赔偿	各组设计一个国际多式联运的方案	2

续上表

序号	工作任务	知识内容与要求	技能内容与要求	活动设计(举例)	参考学时
项目九	国际危险货物运输	(1)危险货物的种类; (2)危险货物运输注意事项	(1)如何避免危险货物运输中的事故; (2)应急处理	各组设计一种危险货物运输方案及应急预案	4
项目十	国际货运代理软件操作	货代软件操作	如何实际操作货代软件	各组设置角色,实施软件实训	16
合计					64

4. 实施建议

4.1　教材编写

(1)打破传统的学科教材模式,以本课程标准为依据进行教材编写。

(2)校企联合编写适合工学结合的教材,教材编写以“校企合作、工学结合”培养高技能人才的要求为目标,注重能力本位的原则,力求突出“理论够用、重在实操”和“简单明了、方便实用”的特色,内容应具有较强的应用性和针对性,编写的目的主要是为了培养具有良好职业道德、具有一定理论知识、具有较强操作和管理实践能力、具有可持续发展能力的、为企业所欢迎的高技能应用性仓储管理经营和操作人才。

(3)通过工作任务的需求,从有利于各专门化课程的学习出发,以够用为原则,设定能力目标,能力标准,引入高职学生所必需的理论知识,加强实际操作能力的训练。

(4)教材应图文并茂,提高学生的学习兴趣。

(5)对于涉及水运管理、港口与航运管理、港口业务管理等专业岗位的实践活动教材应以岗位的操作规程为基准,并将其纳入其中。

4.2　教学建议

(1)本课程在教学过程中,应立足于岗位职业能力的形成,注重对学生专业能力、方法能力、社会能力的培养,采用“校企合作、工学结合”项目教学,以任务驱动型的项目活动提高学生的学习兴趣。

(2)本课程教学须充分利用学校和企业的两种资源,学校专职教师与企业兼职教师教学相结合,采用现代多媒体教学与企业现场实践教学相结合,注重学做结合,边讲边学,教与学互动,做中学,学中做,强化学生实践能力和岗位职业能力的提高。

(3)在教学过程中,要创设工作情境,强化实际操作训练;要跟踪交通运输部的《国际海运师》职业标准颁布情况。

(4)在教学过程中,要尽可能采用多媒体教学、实训软件、实物教学、航运企业现场教学模式。充分使用国际货运代理管理信息系统。

(5)尽量采用小班化教学。

(6)企业兼职教师应具有一定的普通话基础,并掌握一定的教学、教育相关知识,在进行示范性教学时,能充分表达所教授的内容。

4.3　教学评价

(1)改革考核手段和方法,加强实践性教学环节的考核,可采用过程考核和结果考核相结合的考核方法。

(2)由学校主讲老师和企业兼职老师结合考勤情况、学习态度、学生作业、平时测验、实验实训、技能竞赛、顶岗实习情况及考核情况，共同综合评定学生成绩。

(3)采用国际货运代理管理信息系统，实训成绩占总成绩一定的比例，加强对于实训系统的考核。

(4)应注重对学生动手能力和在实践中分析问题、解决问题能力的考核，对在学习和应用上有创新的学生应给予特别鼓励，对学生的能力进行综合评价。

4.4 课程资源的开发与利用

(1)注重实训指导书和实验实训标准的开发和应用。

(2)注重常用课程资源的开发。充分利用挂图、幻灯片、投影片、录像带、视听光盘、多媒体软件、电子教案资源创设形象生动的工作情境，激发学生的学习，促进学生对知识的理解和掌握。建议加强常用课程资源的开发，建立多媒体课程资源的数据库，努力实现跨学校多媒体资源的共享，以提高资源的利用效率。

(3)积极开发和利用网络课程资源。充分利用诸如电子书籍、电子期刊、数据库、数字图书馆、教育网站和电子论坛等网络信息资源，使教学媒体从单一媒体向多种媒体转变，使教学活动从信息的单向传递向双向交互转变，使学生从单独的学习向合作学习转变。

(4)校企合作开发实验实训课程资源。充分利用本行业典型企业的资源，加强校企合作建立校内、校外实训基地，满足学生的实习实训需求，在此过程中进行实验实训课程资源的开发，同时为学生提供就业机会，开创就业渠道。

(5)建立开放式实验实训中心，使之具备职业技能考核、实验实训、现场教学的功能，将教学与培训教材合一、教学与实训合一，满足对高职学生综合职业能力培养的需求。

《国际航运业务英语》课程标准

【课程名称】

国际航运业务英语

【适用专业】

水运管理、国际航运管理、港口与航运管理、港口业务管理等

【参考学时】

64 学时

1. 前言

1.1　课程的性质

本课程是水运管理、国际航运管理、港口与航运管理等专业的核心课程，开设本门课程是为了让学生掌握与国际航运业务相关的专业英语词汇、常用短语、国际航运商务函电的格式及写作特点，培养学生应用英语处理国际航运业务的能力，提高从业人员的英语表达能力、沟通能力及函电写作等实际操作能力。本课程的学习要以《大学英语》、《货物学》、《交通运输地理》、《国际贸易》、《远洋运输业务》、《国际货运代理理论与实务》、《海商纠纷处理》等课程的学习为先导，也是进一步学习《船舶代理》、《国际航空运输代理》等课程的基础。

1.2　设计思路

本课程主要以国际航运企业、船舶代理、货运代理、港口经营人、租船人、海上保险公司等单位的业务员、商务员、操作员日常工作任务驱动为导向，根据国际航运业务的工作流程设计具体项目，让学生在完成具体项目的过程中学会完成相应的工作任务，并构建相关理论知识，发展职业能力。

课程内容突出对学生职业能力的训练，不仅让学生能明白工作中的英语含义，而且可用英语进行较好的口头及书面沟通，解决实际工作中的问题。教学过程中，通过校企合作，校内实训基地建设等多种途径，采取工学结合形式，充分开发学习资源，给学生提供丰富的实践机会。教学效果评价采取过程评价与结果评价相结合的方式，通过理论与实践相结合，重点评价学生的职业能力。

本门课程的参考学时建议为 64 学时。

2. 课程目标

通过工作任务项目化教学设计，使学生在掌握过硬的国际货运代理理论与实务知识的基础上，培养学生能够运用英语处理国际航运业务的能力，以适应国际航运行业涉外性、国际性特点的要求。通过理论、实训、实习相结合的教学方式，边讲边学、边学边做、做中学、学中做，同时辅以网络课程提供的教学资源和类企业的网络工作环境，让学生了解最新的行业资讯，培养学生一定的自主学习能力和善于沟通、合作的团队精神，最终把学生培养成为具有良好职业道德的、具有可持续发展能力的高素质高技能型专门人才，以适应市场对高素质国际航运人才的需求。

职业能力目标

◎　会写常用的申请；

◎ 会写常用的询问和回复函电；
◎ 会写常用的货运函电；
◎ 会写常用的货损函电；
◎ 会写常用的进出港口、委托或接受船舶代理等的函电；
◎ 会写常用的与货运单证有关的函电；
◎ 会写常用的租船业务函电；
◎ 会写常用的海事声明书、宣布共同海损函电；
◎ 会写常用的货损索赔和理赔的函电；
◎ 能口头进行国际航运业务方面的简要沟通；
◎ 有较强的沟通能力、学习能力和创新能力，富有团队合作精神和责任意识，职业道德素养高。

3. 课程内容和要求

根据专业课程目标和涵盖的工作任务要求，确定课程内容和要求，说明学生应获得的知识、技能与态度。

序号	工作任务	知识内容与要求	技能内容与要求	活动设计(举例)	参考学时
1	Applications 申请	国际航运业务申请的格式、内容、常用表述等	(1)会写常用的申请； (2)能口头进行简单的申请	申请添加燃油	6
2	Enquiries and replies 询问和回复	国际航运业务中询问、回复的内容、遵守的规则、常用表述	(1)会写常用的询问和回复函电； (2)能口头进行简单的询问和回复	询问开航日期、回复能否提供运输服务	6
3	Cargo work 货物作业	(1)货运工作的主要内容； (2)承运人、收货人、发货人在货运工作中主要业务； (3)常用的货运工作业务信函	(1)会写常用的货运函电； (2)能口头简要说明货运情况	说明货物积载情况、安排货物卸载、告知货物发生混票	8
4	Cargo damage 货损	(1)货运业务中引起货损、货差的主要原因； (2)货损、货差的处理； (3)处理货损、货差的常用商业信函	(1)会写常用的货损函电； (2)能口头进行简单地说明货运情况	说明货物污损、告知货物被盗	8
5	Port regulations and agencies 港口规则和代理	(1)进出港口应有的知识； (2)船舶在港口的主要业务； (3)船舶代理的主要业务； (4)常用的相关表述	(1)会写常用的进出港口、委托或接受船舶代理等的函电； (2)能口头进行简要沟通	告知船舶进港、委托船舶代理	8

续上表

序号	工作任务	知识内容与要求	技能内容与要求	活动设计(举例)	参考学时
6	Shipping documents 运输单证	(1)国际航运业务中主要的货运单证; (2)提单的作用、类型、内容; (3)常用的货运单证及相关的商业信函	(1)会写常用的与货运单证有关的函电; (2)能口头进行简要沟通	(1)要求提供相关货运单证; (2)要求慎重出具保函改正单证不符处	8
7	Charter party 租船合同	(1)租船合同的概念、类型及特点; (2)租船运输的主要业务; (3)常用的租船商务信函	(1)会写常用的租船业务函电; (2)能口头进行简要沟通	(1)寻租及回复; (2)商榷订租确认书; (3)装卸准备就绪通知; (4)滞期通知; (5)索要滞期费、速遣费	10
8	Sea protest and general average 海事声明和共同海损	(1)为何、何时、如何作出海事声明; (2)共同海损的概念、构成条件及理算; (3)常用的海事声明书、宣布共同海损的范例	(1)会写常用的海事声明书、宣布共同海损函电; (2)能口头进行简要沟通	(1)作出海事声明; (2)宣布共同海损; (3)共同海损理算要求材料	4
9	Claims and settlements 索赔和理赔	(1)索赔与理赔的概念; (2)国际航运业务中索赔所需的主要单证; (3)索赔与理赔的主要程序; (4)常用的索赔与理赔业务中的商业信函	(1)会写常用的货损索赔和理赔的函电; (2)能口头进行简要沟通	(1)向责任方提出货损索赔; (2)向责任方提出货差索赔; (3)对货损进行理赔、拒赔	6
合计					64

4. 实施建议

4.1　教材编写

本课程是国际航运管理专业的核心课程,为了加强教材的实践操作性,提高学生运用英语处理国际航运业务的实践技能,有必要编写一本与之相配套的辅导用书作为实训教材。

(1)教材编写可采用工具书:大连海事大学出版社出版、范苗福编的《国际航运业务英语与函电》;大连海事大学出版社出版、张晓峰主编的《实用航运业务英语函电》,教材应以本课程标准为依据进行编写。

(2)校企联合编写适合工学结合的实训教材,实训教材的编写以“校企合作、工学结合”培养高技能人才的要求为目标,注重能力本位的原则,力求突出“理论够用、重在实操”和“简单明了、方便实用”的特色,内容应具有较强的应用性和针对性,编写的目的主要是为了培养具有良好职业道德、具有一定理论知识、具有较强实践操作能力、具有可持续发展能力的、为企业所欢迎的高技能应用性国际航运人才。

(3)通过工作任务的需求,从有利于各专门化课程的学习出发,以够用为原则,设定能力目标,能力标准,引入高职学生所必需的理论知识,加强实际操作能力的训练。

(4)实训教材应以相对应岗位的最新操作规程为基准,并将其纳入其中。

(5)为教材配置专门的多媒体光盘,以方便教学和学生自学的需要。

4.2 教学建议

(1)本课程在教学过程中,应立足于岗位职业能力的形成,注重对学生专业能力、方法能力、社会能力的培养,采用校企合作、工学结合项目教学,以任务驱动型项目提高学生的学习兴趣。

(2)本课程教学须充分利用学校和企业的两种资源,学校专职教师与企业兼职教师教学相结合,采用现代多媒体教学与企业现场实践教学相结合,注重学做结合,边讲边学,教与学互动,做中学,学中做,强化学生实践能力和岗位职业能力的提高。

(3)在教学过程中,要创设工作情境,强化实际操作训练;要紧密结合职业技能证书的考核,在操作训练中,使学生掌握国际航运业务函电作为现代服务业所必须具备的技能。

(4)在教学过程中,要尽可能采用多媒体教学、增强师生间、学生间的互动,让学生会听、会说、会写。

(5)尽量采用小班化教学。

(6)学校专职教师应具有“双师型”工作能力,具有与课程内容相关的沟通能力、表达能力和函电写作能力,从学生实际出发,因材施教,着力培养学生对本课程的学习兴趣,从而提高学生学习的主动性和积极性。

(7)企业兼职教师应具有一定的普通话基础,并掌握一定的教学、教育相关知识,在进行示范性教学时,能充分表达所教授的内容。

(8)在教学过程中辅以网络教学和暑期实践,以进一步促进学生社会能力的形成。

4.3 教学评价

(1)改革考核手段和方法,加强实践性教学环节的考核,可采用过程考核和结果考核相结合的考核方法。

(2)由学校主讲老师和企业兼职老师结合考勤情况、学习态度、学生作业、平时测验、实验实训、技能竞赛、顶岗实习情况及考核情况,共同综合评定学生成绩。

(3)应注重对学生动手能力和在实践中分析问题、解决问题能力的考核,对在学习和应用上有创新的学生应给予特别鼓励,对学生的能力进行综合评价。

4.4 课程资源的开发与利用

(1)注重实训指导书和实验实训标准的开发和应用。

(2)注重常用课程资源的开发。充分利用挂图、幻灯片、投影片、录像带、视听光盘、多媒体软件、电子教案资源创设形象生动的工作情境,激发学生的学习,促进学生对知识的理解和掌握。建议加强常用课程资源的开发,建立多媒体课程资源的数据库,努力实现跨学校多媒体资源的共享,以提高资源的利用效率。

(3)积极开发和利用网络课程资源。充分利用诸如电子书籍、电子期刊、数据库、数字图书馆、教育网站和电子论坛等网络信息资源,使教学媒体从单一媒体向多种媒体转变,使教学活动从信息的单向传递向双向交互转变,使学生从单独的学习向合作学习转变。

(4)校企合作开发实验实训课程资源。充分利用本行业典型企业的资源,加强校企合作建立校内、校外实训基地,满足学生的实习实训需求,在此过程中进行实验实训课程资源的开发,同时为学生提供就业机会,开创就业渠道。

(5)建立开放式实验实训中心,使之具备职业技能考核、实验实训、现场教学的功能,将教学与培训教材合一、教学与实训合一,满足高职学生综合职业能力培养的需求。

5. 其他说明

(1)建议利用校友资源,收集并整理实际工作中常用的国际航运业务函电范例。

(2)充分利用网络资源,并形成网络平台,让学生通过网络平台体验真实的工作环境。

《国际货代专业英语》课程标准

【课程名称】

国际货代专业英语

【适用专业】

水运管理、国际航运管理、港口与航运管理、港口业务管理等

【参考学时】

64 学时

1. 前言

1.1 课程的性质

本课程是水运管理、国际航运管理、港口与航运管理专业的核心课程，开设本门课程是为了让学生掌握与国际货运代理业务相关的专业英语词汇、常用短语和语法特点，培养学生应用英语参与国际货代业务的能力，提高从业人员的英语表达能力、沟通能力及英文单证操作能力，同时利于学生在毕业前顺利获得 CIFA 国际货代职业资格证书。它要以《大学英语》、《货物学》、《交通运输地理》、《国际贸易》、《远洋运输业务》、《国际货运代理理论与实务》、《国际航运管理》等课程的学习为先导，也是进一步学习《国际航运业务英语与函电》的基础。

1.2 设计思路

本课程主要以国际货运代理企业业务员、客服人员、操作员日常工作任务驱动为导向，根据国际货代工作流程设计具体项目，让学生在完成具体项目的过程中学会完成相应的工作任务，并构建相关理论知识，发展职业能力。

课程内容突出对学生职业能力的训练，不仅让学生能看懂工作中的英语，而且可用英语进行良好的口头沟通及书面沟通，解决实际工作中的问题。理论知识的选取紧紧围绕工作任务完成的需要来进行，同时又充分考虑了高等职业教育对理论知识学习的需要，并融合了 CIFA 国际货代职业资格证书对知识、技能和态度的要求。教学过程中，通过校企合作，校内实训基地建设等多种途径，采取工学结合形式，充分开发学习资源，给学生提供丰富的实践机会。教学效果评价采取过程评价与结果评价相结合的方式，通过理论与实践相结合，重点评价学生的职业能力。

总之，我们在设计这门课程时，既要考虑国际货代业务实践的具体要求，又要兼顾学生考证的需要，尽量消除它们之间的矛盾，达到两者的相互统一。

本门课程的参考学时建议为 64 学时。

2. 课程目标

通过工作任务项目化教学设计，本课程重在培养学生运用英语处理国际货代业务的能力，使学生不仅能够掌握过硬的国际货运代理理论与实务知识，而且有扎实的技能英语做保障，以适应国际货代行业涉外性、国际性特点的要求。通过理论、实训、实习相结合的教学方式，边讲边学、边学边做、做中学、学中做，同时辅以网络课程提供的教学资源和类企业的网络工作环境，让学生了解最新的行业资讯，培养学生一定的自主学习能力和善于沟通和合作的团队精神，最终把学生培养成为具有良好职业道德的、具有可持续发展能力的高素质高技能型专门人

才，以适应市场对高素质国际货运代理人才的需求。

职业能力目标：

◎ 能制作货代企业英文版公司简介；

◎ 能熟练制作运输报价单；

◎ 熟悉国际贸易合同中的条款和条件；

◎ 掌握跟单信用证的内容；

◎ 能根据客户需求，选择路线、运输方式、及合适的承运人；

◎ 能熟练填写空白订舱单，向选定的承运人订舱；

◎ 能根据出口船期要求，安排内陆集装箱拖运服务；

◎ 能熟练完成货物的出口报关，安排海运保险；

◎ 能熟练签发提单；

◎ 能熟练安排空运业务，填写空运单；

◎ 掌握货代的增值服务：拼箱业务、多式联运业务、综合物流业务等；

◎ 具有较强的沟通能力、学习能力和创新能力，富有团队合作精神和责任意识，职业道德素养高。

3. 课程内容和要求

根据专业课程目标和涵盖的工作任务要求，确定课程内容和要求，说明学生应获得的知识、技能与态度。

序号	工作任务	知识内容与要求	技能内容与要求	活动设计(举例)	参考学时
项目一	揽货(Canvassing)	(1) Scope of freight forwarding service(国际货代企业的服务范围)； (2) Ocean freight rates(海运运费率及其他相关费用)； (3) Air cargo charges and rates(空运运价及运费)； (4) Routing map, liner service(熟悉国际贸易航线图，及各航线上主要船公司的服务状况)； (5) Business correspondence(商业信函的格式及写作要求)	(1)提供介绍本公司业务范围的公司简介； (2)为潜在客户报价； (3)回答客户对进出口运输方面的询问(电话沟通技巧)； (4)会写简单的商业信函	(1)试做一涉外国际货代企业英文版的公司简介； (2)制作海运报价单； (3)制作空运报价单； (4)电话沟通角色扮演(shipper vs. sales representative)； (5)用书信方式回复虚拟托运人对出口运输事务的询问	10
项目二	订舱(Booking)	(1) International trade, terms and conditions of international sales contract(国际贸易合同中的主要条款和条件)； (2) Incoterms 2000(国际贸易术语解释通则2000)；	(1)了解客户国际贸易合同的价格术语，以及跟单信用证的要求； (2)根据客户要求，选择路线、运输方式及合适的承运人；	(1)根据贸易合同，审核信用证； (2)以广州至美国洛杉矶运输路线为例，从网上下载APL和OOCL两大船公司的航线图及船期表做比较，最后选定其中一家作为承运人；	14

续上表

序号	工作任务	知识内容与要求	技能内容与要求	活动设计(举例)	参考学时
项目二	订舱(Booking)	(3)Documentary credit(跟单信用证的内容); (4)UCP 600(跟单信用证统一惯例); (5)Routing map andsailing schedule(船公司的航线图、船期表); (6)Booking note(空白订舱单的内容)	(3)填写空白订舱单; (4)发送填好的订舱单给选定的承运人; (5)回传订舱确认单给客户	(3)填写空白订舱单,并将填好的订舱单发送给船公司; (4)收到船公司订舱确认后,将订舱单信息传真给客户,并安排好后续的工作	14
项目三	Inland haulage(内陆托运)	(1)Trucking fee and other extra charges(拖车费及其他额外费用); (2)EIR(设备交接单); (3)container check(集装箱检查标准)	(1)根据客户的备货情况及装箱计划,安排拖车; (2)凭订舱单到船公司打印 EIR,到 EIR 上指定的堆场提吉柜; (3)拖吉柜到客户指定地点装货,重柜回码头,等待出口报关	(1)填写拖车安排单; (2)核对 EIR 是否有误; (3)按集装箱检验标准,检查吉柜是否完好无损; (4)重柜回码头后,安排后续报关	6
项目四	Customs declaration(报关)	(1)Arrival formalities(到港手续); (2)Departure formalities(离港手续); (3)Customs clearance(清关)	(1)熟悉海关及港口手续; (2)掌握船舶进港报关及出口报关所需的文件; (3)掌握货物进口及货物出口所需的文件	(1)申请进出口许可证; (2)缮制进口舱单和出口舱单; (3)填写进口报关单与出口报关单; (4)准备其他报关所需文件,例如合同、装箱单、商业发票、原产地证书、商检证书	8
项目五	Marine cargo insurance(海上货物保险)	(1)FPA,WA,All risks(掌握 PICC 三大基本货物险别); (2)General additioanl risks & Special additonal Risks(熟悉一般附加险及特别附加险); (3)Institute cargo clause ABC(熟悉英国伦敦保险协会货物保险条款 ABC); (4)exceptional clauses(了解保险人的除外责任); (5)Sign Insurance contract(签订海上货物保险合同)	(1)熟悉 PICC 海上货物运输保险条款; (2)熟悉英国伦敦保险协会货物保险条款; (3)填写保险单; (4)出险后的索赔及理赔	(1)填写保险单; (2)提交出险后进行索赔及理赔需要的证据材料	8

续上表

序号	工作任务	知识内容与要求	技能内容与要求	活动设计(举例)	参考学时
项目六	提单/空运单签发(B/L or Air waybill)	(1) Marine Bills of lading(海运提单); (2) The air waybill(空运单)	(1)掌握提单/空运单的内容及作用; (2)了解提单/空运单的流传; (3)缮制提单/空运单	(1)填写提单; (2)填写空运单; (3)签署提单,收取预付运费后发放给相应的托运人	10
项目七	Other value-added service(其他增值业务)	(1) consolidation(拼箱或集运业务); (2) NVOCC(无船承运业务); (3) Multi-modal transport(多式联运业务); (4) Logistics(综合物流)	(1)掌握拼箱业务的工作流程; (2)了解货代开展无船承运业务应具备的条件; (3)简单的多式联运方案设计; (4)了解现代物流的发展状况	参观 CFS,了解 CFS 的工作流程及所使用的单证	8
合计					64

4. 实施建议

4.1 教材编写

基于本门课程是中国国际货代协会的考证课程,CIFA 专门针对考证出版了一本专用教材,考试的内容也大部分来自该指定教材。为了完善该书实践操作性不强、教材体例相对散乱的不足,有必要编写一本与之相配套的辅导用书作为实训教材。

(1)打破传统的学科教材模式,以本课程标准为依据进行实训教材的编写。

(2)校企联合编写适合工学结合的实训教材,实训教材的编写以校企合作、工学结合培养高技能人才的要求为目标,注重能力本位的原则,力求突出"理论够用、重在实操"和"简单明了、方便实用"的特色,内容应具有较强的应用性和针对性,编写的目的主要是为了培养具有良好职业道德、具有一定理论知识、具有较强操作和管理实践能力、具有可持续发展能力的、为企业所欢迎的高技能应用性国际航运及货代行业人才。

(3)通过工作任务的需求,从有利于各专门化课程的学习出发,以够用为原则,设定能力目标,能力标准,引入高职学生所必需的理论知识,加强实际操作能力的训练。

(4)教材应图文并茂,提高学生的学习兴趣、加深学生对国际货代实际业务的理解。

(5)实训教材应以相对应岗位的最新操作规程为基准,并将其纳入其中。

(6)为教材配置专门的多媒体光盘,以方便教学和学生自学的需要。

4.2 教学建议

(1)本课程在教学过程中,应立足于岗位职业能力的形成,注重对学生专业能力、方法能力、社会能力的培养,采用校企合作、工学结合项目教学,以任务驱动型的项目活动提高学生的学习兴趣。

(2)本课程教学须充分利用学校和企业的两种资源,学校专职教师与企业兼职教师教学相结合,采用现代多媒体教学与企业现场实践教学相结合,注重学做结合,边讲边学,教与学互动,做中学,学中做,强化学生实践能力和岗位职业能力的提高。

(3)在教学过程中,要创设工作情境,强化实际操作训练;要紧密结合职业技能证书的考核,在操作训练中,使学生掌握国际货运代理作为现代服务业所必须具备的技能。

(4)在教学过程中,要尽可能采用多媒体教学、增强师生间、学生间的互动,让学生会听、会说、会写。

(5)尽量采用小班化教学。

(6)学校专职教师应具有“双师型”工作能力,具有与课程内容相关的沟通能力,表达能力和单证操作能力,从学生实际出发,因材施教,着力培养学生对本课程的学习兴趣,从而提高学生学习的主动性和积极性。

(7)企业兼职教师应具有一定的普通话基础,并掌握一定的教学、教育相关知识,在进行示范性教学时,能充分表达所教授的内容。

(8)在教学过程中辅以网络教学和暑期社会实践,以进一步促进学生社会能力的形成。

4.3 教学评价

(1)改革考核手段和方法,加强实践性教学环节的考核,可采用过程考核和结果考核相结合的考核方法。

(2)由学校主讲老师和企业兼职老师结合考勤情况、学习态度、学生作业、平时测验、实验实训、技能竞赛、顶岗实习情况及考核情况,共同综合评定学生成绩。

(3)应注重对学生动手能力和在实践中分析问题、解决问题能力的考核,对在学习和应用上有创新的学生应给予特别鼓励,对学生的能力进行综合评价。

4.4 课程资源的开发与利用

(1)注重实训指导书和实验实训标准的开发和应用。

(2)注重常用课程资源的开发。充分利用挂图、幻灯片、投影片、录像带、视听光盘、多媒体软件、电子教案资源创设形象生动的工作情境,激发学生的学习兴趣,促进学生对知识的理解和掌握。建议加强常用课程资源的开发,建立多媒体课程资源的数据库,努力实现跨学校多媒体资源的共享,以提高资源的利用效率。

(3)积极开发和利用网络课程资源。充分利用诸如电子书籍、电子期刊、数据库、数字图书馆、教育网站和电子论坛等网络信息资源,使教学媒体从单一媒体向多种媒体转变,使教学活动从信息的单向传递向双向交互转变,使学生从单独的学习向合作学习转变。

(4)校企合作开发实验实训课程资源。充分利用本行业典型企业的资源,加强校企合作建立校内、校外实训基地,满足学生的实习实训需求,在此过程中进行实验实训课程资源的开发,同时为学生提供就业机会,开创就业渠道。

(5)建立开放式实验实训中心,使之具备职业技能考核、实验实训、现场教学的功能,将教学与培训教材合一、教学与实训合一,满足高职学生综合职业能力培养的需求。

5. 其他说明

(1)建议引入国际货代英文版操作软件作为实训设施,与实际工作接轨。

(2)建议充分利用网络资源,让学生多接受行业企业资讯,体验一个真实的工作环境。

《远洋运输业务》课程标准

【课程名称】

远洋运输业务

【适用专业】

水运管理、国际航运管理、港口与航运管理、港口业务管理等

【参考学时】

64学时

1. 前言

1.1　课程的性质

本课程是水运管理、国际航运管理等专业的核心课程，要求学生掌握远洋运输业务的基本理论，业务知识和基本技能，并了解处理相关业务的习惯做法及其法理依据。主要内容包括：班轮运输业务、集装箱运输业务、提单业务、租船业务、远洋运价、船舶代理业务和货运事故的处理等方面内容，为该专业学生在从事相关工作打下良好的基础。在水运管理专业课程体系中，《远洋运输业务》属于核心专业课程。它的前导课程有《货物学基础》、《交通运输地理》、《船舶货运》，后续课程有《航运市场营销》、《国际航运经济与市场》、《多式联运实务与法规》、《海商纠纷处理》。其中，《货物学基础》为《远洋运输业务》提供了运输货物的基础知识，交通运输地理为远洋运输揽货以及航线策划提供了依据，而船舶货运则是远洋运输中船舶舱位确定的必备知识。

1.2　设计思路

本门课程是根据水运管理专业人才培养方案中基本能力与专项能力分析表中的港航企业经营管理能力中的经营涉外运输能力而设立的。其总体设计思路是，打破以知识传授为主要特征的传统学科课程模式，转变为以工作任务为中心组织课程内容，其工作任务包括：班轮运输业务、集装箱运输业务、租船运输业务、海运费计算、船舶代理业务、货运事故处理等。并让学生在完成具体项目的过程中学会完成相应工作任务，并构建相关理论知识，发展职业能力。课程内容突出对学生职业能力的训练，理论知识的选取紧紧围绕工作任务完成的需要来进行，同时又充分考虑了高等职业教育对理论知识学习的需要。项目设计以涉外运输业务范围为线索来进行。教学过程中，要通过校企合作，校内实训基地建设等多种途径，采取工学结合，充分开发学习资源，给学生提供丰富的实践机会。教学效果评价采取过程评价与结果评价相结合的方式，通过理论与实践相结合，重点评价学生的职业能力。本课程相关的职业标准为交通运输部待发布的《国际海运师》职业资格证书。

本门课程的参考学时建议为64学时。

2. 课程目标

通过"工学结合、校企合作"的工作过程系统化课程开发的任务驱动型的项目活动，培养学生具有良好职业道德、专业技能水平、可持续发展能力，使学生掌握涉外运输经营管理的基本技能，初步形成一定的学习能力和课程实践能力，并培养学生诚实、守信、善于沟通和合作的团队意识，提高学生在班轮运输，运价制订，租船运输等专门化方面的职业能力，通过理论、实

训、实习相结合的教学方式，边讲边学、边学边做、做中学、学中做，同时辅以网络课程教学和社会实践，使学生具有掌握技能掌握知识专业能力、学会学习学会工作的方法能力、学会共处学会做人的社会能力，最终把学生培养成为具有良好职业道德的、具有集涉外船舶运输业务的理论知识和实践能力的、具有可持续发展能力的高素质高技能型专门人才，以适应市场对涉外船舶运输业务人才的需求。

职业能力目标：

◎ 掌握班轮运输货运程序；

◎ 能填写班轮运输货运单证；

◎ 掌握集装箱运输货运程序；

◎ 熟悉航次租船合同主要条款；

◎ 能够计算航次租船合同中的装卸时间和滞期/速遣费；

◎ 能够计算班轮运输件杂货、集装箱运价；

◎ 能掌握船舶代理的备用金管理制度；

◎ 能正确处理货运事故索赔及证据搜集；

◎ 能够独立学习和工作，具有一定的创新能力，能够进行交流并有团队合作精神和职业道德素养。

3. 课程内容和要求

根据专业课程目标和涵盖的工作任务要求，确定课程内容和要求，说明学生应获得的知识、技能与态度。

序号	工作任务	知识内容与要求	技能内容与要求	活动设计(举例)	参考学时
项目一	班轮运输业务	(1)班轮运输货运程序； (2)主要货运单证内容及作用	(1)掌握如何向船公司订舱； (2)掌握主要货运单证的填写	请搜集并填写广州中远出口单证及流程。 (1)沿海运输单证 托运单、货物动态记录、理货点单、装船清单、运费舱单、结算单、水路运单、电放委托书、签单记录、发票； (2)外贸运输出口单证 托运单、放箱通知、理货点单、装船清单、舱单、运费舱单、结算单、海运单、电放委托书、加载清单、更改单、报放行条、提单、签单记录	12
项目二	集装箱运输业务	(1)适箱货物种类； (2)集装箱重量、容量、体积； (3)集装箱种类及标志； (4)集装箱运输业务流程	(1)如何计算货物使用集装箱数量； (2)如何采用合适的集装箱运输交接方式； (3)正确填写集装箱运输单证	模拟集装箱种类及数量计算： 应选用什么种类的集装箱、选择最佳箱型并计算数量	12

续上表

序号	工作任务	知识内容与要求	技能内容与要求	活动设计(举例)	参考学时
项目三	租船装卸时间计算	(1)船舶租赁的种类及区别; (2)各种租船的合同及主要条款; (3)对于航次租船装卸时间的规定	(1)如何编制装卸时间事实记录表; (2)如何计算三种条款下装卸时间; (3)如何正确撰写 NOTE OF READINESS	使用装卸共用时间计算、可调剂装卸时间计算以及装卸时间平均计算、滞期或速遣时间计算	12
项目四	海运运价计算	(1)海运价的种类; (2)中远集团各类运价费率表的识别; (3)美国航线运费计算	(1)如何查基本费率及附加费率表; (2)如何计算件杂货基本运费和附加运费; (3)如何计算集装箱运费; (4)如何计算不同贸易术语下运费	(1)某轮从天津港装载人参 0.7m^3 运至安特卫普港,托运人提供的 CIF 价格为 USD67 000,货物保险费率为 4%,请计算应收取的全程运费是多少? (2)已知该班轮公司货物分级表中"人参"运费按 Ad. val. 计算,运费率请见 4.1参考教材的相关数据	12
项目五	船舶代理业务	(1)船舶代理业务范围; (2)目前中国船舶代理市场; (3)船舶代理业务中单证	(1)如何进行备用金的管理; (2)如何填写船舶代理申报单; (3)如何缮制交船证书、还船证书、停租证书、复租证书	翻译船方授权委托通知书: Dear Sirs, Please be kindly informed that, I, the undersigned Master, hereby authorize you, on my behalf, to sign and release clean on board original Bills of Lading to the shippers against the production of the Mate's Receipts duly signed by my Chief Officer for those cargo loaded on board my vessel at the Port of Dalian for the present voyage. Your kind assistance shall be highly appreciated.	8
项目六	货运事故索赔	(1)货运事故分类; (2)货运事故的责任; (3)理赔程序; (4)船方拒赔举证	(1)如何保存索赔证据; (2)掌握索赔流程; (3)如何保存拒赔证据; (4)如何计算索赔金额	作为受到损失的货主,你的货物发生了水浸发霉情况,在港口收货时,你应当采取哪些措施,保存证据,及时向承运人索赔	8
合计					64

4. 实施建议

4.1　教材编写

(1)本课程参考资料有胡美芬主编的《远洋运输业务》,人民交通出版社出版,以本课程标准为依据进行教材编写。

(2)校企联合编写适合工学结合的教材,教材编写以校企合作、工学结合培养高技能人才的要求为目标,注重能力本位的原则,力求突出"理论够用、重在实操"和"简单明了、方便实用"的特色,内容应具有较强的应用性和针对性,编写的目的主要是为了培养具有良好职业道德、具有一定理论知识、具有较强操作和管理实践能力、具有可持续发展能力的、为企业所欢迎的海运业务能力的高技能人才。

(3)通过工作任务的需求,从有利于各专门化课程的学习出发,以够用为原则,设定能力目标,能力标准,引入高职学生所必需的理论知识,加强实际操作能力的训练。

(4)教材应图文并茂,提高学生的学习兴趣并加深学生对仓储管理实务知识的理解与掌握。

(5)对于涉及水运管理、港口与航运管理、港口业务管理等专业岗位的实践活动教材应以岗位的操作规程为基准,并将其纳入其中。

4.2　教学建议

(1)本课程在教学过程中,应立足于岗位职业能力的形成,注重对学生专业能力、方法能力、社会能力的培养,采用"校企合作、工学结合"项目教学,以任务驱动型的项目活动提高学生学习兴趣。

(2)本课程教学须充分利用学校和企业的两种资源,学校专职教师与企业兼职教师教学相结合,采用现代多媒体教学与企业现场实践教学相结合,注重学做结合,边讲边学,教与学互动,做中学,学中做,强化学生实践能力和岗位职业能力的提高。

(3)在教学过程中,要创设工作情境,强化实际操作训练;要跟踪交通运输部的《国际海运师》职业标准颁布情况。

(4)在教学过程中,要尽可能采用多媒体教学、实训软件、实物教学、航运企业现场教学模式。充分使用佛山航运辅助管理信息系统。

(5)尽量采用小班化教学。

(6)学校专职教师应具有"双师型"工作能力,具有与课程内容相关的海运业务操作能力,从学生实际出发,因材施教,着力培养学生对本课程的学习兴趣,从而提高学生学习的主动性和积极性。

(7)企业兼职教师应具有一定的普通话基础,并掌握一定的教学、教育相关知识,在进行示范性教学时,能充分表达所教学的内容。

4.3　教学评价

(1)改革考核手段和方法,加强实践性教学环节的考核,可采用过程考核和结果考核相结合的考核方法。

(2)由学校主讲老师和企业兼职老师结合考勤情况、学习态度、学生作业、平时测验、实验实训、技能竞赛、顶岗实习情况及考核情况,共同综合评定学生成绩。

(3)采用佛山船舶辅助管理信息系统,实训成绩占总成绩一定的比例,加强对于实训系统的考核。

(4)应注重对学生动手能力和在实践中分析问题、解决问题能力的考核，对在学习和应用上有创新的学生给予特别鼓励，综合评价学生的能力。

4.4　课程资源的开发与利用

(1)注重实训指导书和实验实训标准的开发和应用。

(2)注重常用课程资源的开发。充分利用挂图、幻灯片、投影片、录像带、视听光盘、多媒体软件、电子教案资源创设形象生动的工作情境，激发学生的学习，促进学生对知识的理解和掌握。建议加强常用课程资源的开发，建立多媒体课程资源的数据库，努力实现跨学校多媒体资源的共享，以提高资源的利用效率。

(3)积极开发和利用网络课程资源。充分利用诸如电子书籍、电子期刊、数据库、数字图书馆、教育网站和电子论坛等网络信息资源，使教学媒体从单一媒体向多种媒体转变，使教学活动从信息的单向传递向双向交互转变，使学生从单独的学习向合作学习转变。

(4)校企合作开发实验实训课程资源。充分利用本行业典型企业的资源，加强校企合作建立校内、校外实训基地，满足学生的实习实训需求，在此过程中进行实验实训课程资源的开发，同时为学生提供就业机会，开创就业渠道。

(5)建立开放式实验实训中心，使之具备职业技能考核、实验实训、现场教学的功能，将教学与培训教材合一、教学与实训合一，满足高职学生综合职业能力培养的需求。

《交际礼仪》课程标准

【课程名称】

交际礼仪

【适用专业】

水运管理、国际航运管理、港口与航运管理、港口业务管理等

【参考学时】

36 学时

1. 前言

1.1　课程的性质

本课程作为水运管理专业、港口与航运管理专业、港口业务管理、国际航运管理专业的专业基础课程，目标是让学生掌握社交礼仪的基本原理、基本技能和方法，规范和树立自身良好的礼仪形象，并能够将交际礼仪应用于今后从事的经营管理工作中，如日常接待、商务谈判、沟通与协调、会务管理、客户服务等日常业务工作之中。

1.2　设计思路

本课程是依据“水运管理专业、港口与航运管理专业、港口业务管理和国际航运管理专业工作任务与职业能力分析表”中的职业能力项目设置的。总体设计思路是：打破以知识传授为主要特征的传统学科课程模式，转变为以工作任务为中心组织课程内容，形成“一大基础”、“四大项目”的现代交际礼仪课程内容体系。“一大基础”是指礼仪概述，包括礼仪的内涵、特性、原则和功能等，“四大项目”是个人形象礼仪、日常交际礼仪、语言沟通礼仪、商务活动礼仪四个方面的内容，课程教学中普遍采用了项目导向的教学方法，每个项目由若干个工作任务，即礼仪活动训练单元组成。学生在完成礼仪训练具体项目的过程中掌握交际礼仪的基本原理、基本技能和方法，并构建相关理论知识，发展职业能力。本课程要充分体现“理论引导 + 互动教学 + 实践训练”三结合的人才培养模式。

根据本专业性质和职业特性，本课程将通识性礼仪教育和职业性礼仪教育结合起来。课程内容突出对学生职业能力的训练，理论知识的选取紧紧围绕工作任务完成的需要来进行，同时又充分考虑了高等职业教育对理论知识学习的需要，融合了职业岗位对知识、技能和态度的要求。

项目设计以知识应用水平为线索来进行。教学过程中，要通过网络资源，校企合作，校内实训基地建设等多种途径，采取知识讲授和实践训练相结合、课堂教学和课外活动相结合、半工半读等形式，充分开发学习资源，给学生提供丰富的实践机会。教学效果评价采取过程评价与结果评价相结合的方式，通过理论与实践相结合，重点评价学生的职业能力。

本门课程的参考学时为 36 学时。建议理论学习安排 26 学时，实训安排 10 学时。

2. 课程目标

本课程要求学生掌握社交礼仪的基本原理、基本技能和方法，规范和树立自身良好的礼仪形象，提高自身的礼貌素养和交际能力，培养良好的行为习惯，并能够将交际礼仪应用于今后从事的经营管理工作中，如日常接待、商务谈判、沟通与协调、会务管理、客户服务等日常业务

工作之中。在情感态度方面要求学生自我管理、自主学习，做到主动参与、主动学习、主动思考。树立文明意识，养成高度自制力，建立自信心，具备团队合作的价值观。学生通过本课程的学习，能够具备较高的文化修养、道德水准和综合素质，成为拥有健全人格、符合社会需要的人才。

职业能力目标：

◎ 能规范和树立自身良好的礼仪形象；

◎ 能够将基本交际礼仪的方法和技巧其应用于日常生活和职场工作中；

◎ 能够恰当得体地与人沟通；

◎ 能遵循商务活动中的各种礼仪规范来组织各类仪式活动；

◎ 能够将航海礼仪应用于本专业相关的就业岗位上；

◎ 能进行知识迁移。

3. 课程内容和要求

根据专业课程目标和涵盖的工作任务要求，确定课程内容和要求，说明学生应获得的知识、技能与态度。

序号	工作任务	知识内容与要求	技能内容与要求	活动设计（举例）	参考学时
基础理论	礼仪概述	礼仪的内涵、特性、原则和功能等		案例分析	2
项目一	个人形象礼仪	仪容礼仪 仪表礼仪 仪态礼仪	（1）能够得体地修饰和美化自己的仪容； （2）正确的穿着和搭配服装；表现出良好的体态、气质风度和文明举止； （3）在交际中有效地使用眼神； （4）熟练运用各种规范的手势； （5）具备亲和符合标准的微笑	学生演示 案例分析 老师示范	4
项目二	日常交际礼仪	会面礼仪 位次礼仪 餐饮礼仪 公共场所礼仪 舞会礼仪 职场礼仪 面试礼仪	（1）交际中能够得体地称呼对方； （2）得体地介绍； （3）熟练地运用握手、鞠躬等见面礼节； （4）能够规范地使用名片； （5）接待、拜访符合礼仪规范； （6）能够正确地安排位次； （7）得体地遵守中、西宴会和舞会礼节； （8）能够按照公共场所的礼仪规范自己的行为； （9）面试符合礼仪； （10）职场上拥有职业化的举止，遵循办公室礼仪规范，遵守航海礼仪和相关的国际惯例	教师引导 学生演示 案例分析 老师示范 角色扮演 模拟演示	8

续上表

序号	工作任务	知识内容与要求	技能内容与要求	活动设计(举例)	参考学时
项目三	语言沟通礼仪	交谈礼仪 电话礼仪 演讲与谈判礼仪	(1)能够恰当得体地与人交谈;能够礼貌倾听; (2)熟练地使用电话、手机进行沟通,并遵循其中的礼仪规范; (3)注重演讲中和谈判中的礼仪,体现出良好的气质风度	教师引导 学生演示 案例分析 老师示范 角色扮演 模拟演示	6
项目四	商务活动礼仪	会务礼仪 推销礼仪 服务礼仪 仪典礼仪	(1)能成功地筹备和组织各种会务、各类仪式活动,并在活动中遵循礼仪规范; (2)推销符合礼仪; (3)能根据不同的服务岗位和服务对象,选择合适的礼貌语言服务方式; (4)遵循服务流程中的礼仪规范	教师引导 学生演示 案例分析 老师示范 角色扮演 模拟演示	6
合计					26

4. 实施建议

4.1 教材编写

教材编写必须紧紧围绕本专业学习目标和本课程标准开展,以礼仪知识实际应用能力和礼仪基本技能培养为根本来编写高职高专课程内容体系。要充分体现项目课程设计思想,以项目为载体实施教学,项目选取要科学、符合本门课程的工作逻辑、能形成系列,让学生在完成项目的过程中逐步提高职业能力,同时还要考虑可操作性。教材内容要反映时代的新发展。

4.2 教学建议

在教学过程中,根据专业课程学习的要求以及职业岗位的要求,在讲授礼仪基础知识和基本技能的同时,和职业礼仪结合讲解。在每个教学阶段,融入实际生活例子的课程设计内容,能很好的激发学生的学习兴趣。通过教学练一体化的实务教学、课外实训以及校企紧密合作项目推动课程实战,建立了以学生为主体的“实务”(理论知识实务化)、“实训”(专业技能实训化)、“实战”(职业能力实战化)三维立体教学系统。教学中还应特别注意对使用方法的掌握,以便学生在工作岗位上实现知识迁移。

4.3 教学评价

教学评价方面主要是针对学生三个方面能力的要求:专业能力、方法能力以及个性能力。专业能力占60%,方法能力占25%,个性能力占15%。专业能力方面的评价内容包括阶段测验、课后作业、期末测验;方法能力方面的评价内容包括实训、案例演示、小组讨论;个性能力方面的内容包括考勤、作业情况及课堂表现。

教学评价包括过程评价和结果评价。每个子系统都要进行阶段评价,考查学生的专业技能、沟通交流、团队协作等关键能力。评价方法包括阶段测验、期末测验、实训、案例演示、小组讨论、考勤和课堂表现、作业情况。

4.4 课程资源的开发与利用

建立“交际礼仪”教学网站，对教学资源进行有效整合，使之成为教师和学生双向沟通的平台，进一步开发出新的教学功能。在网上发布礼仪相关的视频教学、课件、实训指导手册、应用实例等课程资源，以满足不同学习目标以及不同能力水平的学生需求。

《海商纠纷处理》课程标准

【课程名称】

海商纠纷处理

【适用专业】

水运管理、国际航运管理、港口与航运管理、港口业务管理等

【参考学时】

51 学时

1. 培养目标

本课程教学一直坚持:“根植于海事法院审判、律师执业和航运商务岗位分析和具体业务过程,培养学生关键职业能力,提高海事航运法律运用能力”的教学理念。培养具有较为扎实的英语基础、法学基础,熟悉航运和相关业务,并能够将所学知识综合运用于实践的复合型、外向型、运用型的海事航运法律高技能人才。

2. 课程定位

本课程是国际航运管理类各专业的一门专业课,是培养航运海事法律高技能人才的核心课程之一。

3. 教学内容

3.1 传统教学内容

传统教材内容有:第一章绪论;第二章船舶物权;第三章船员;第四章海上货物运输合同;第五章海上旅客运输合同;第六章海上拖航合同;第七章船舶租用合同;第八章船舶碰撞;第九章海难救助;第十章共同海损;第十一章船舶污染损害赔偿;第十二章海事赔偿责任限制;第十三章海上保险合同;第十四章涉外海事关系的法律适用。

3.2 本课程的内容设计

在本课程教学内容设计上,须打破教材束缚,以必须够用为原则,根据实践对学生的需求来选取教学模块。着重选取与专业密切相关的船舶物权纠纷处理、国际海上货运纠纷处理、船舶租赁纠纷处理、共同海损纠纷处理、海上保险纠纷处理等 5 大任务内容讲授,而非面面俱到。具体任务如下:

任务一:船舶物权纠纷处理

1)主要内容:

船舶所有权纠纷;船舶抵押权纠纷;船舶优先权纠纷;船舶留置权纠纷。

2)技能和素质:

(1)能辨别海商法所调整的船舶;

(2)能解决船舶所有权转让、船舶抵押、船舶留置中所常见的法律纠纷;

(3)能理解船舶优先权请求事项的顺序以及与抵押权、留置权的受偿的先后顺序。

任务二:国际海上货运纠纷处理

1)主要内容:

运费纠纷;提单纠纷;航次租船纠纷。

2)技能和素质:

(1)能识别海上货物运输合同的当事人及其责任承担;

(2)能熟练填写提单内容;

(3)能解决倒签提单、预借提单、无单放货等纠纷;

(4)能解释航次租船合同格式条款,并解决实践中常见的滞期费、速遣费、租金、交船等纠纷。

任务三:船舶租赁纠纷处理

1)主要内容:

定期租船合同纠纷;光船租赁合同纠纷;船舶租购合同纠纷。

2)技能和素质:

(1)能分析并解决定期租船合同下的燃油索赔、船速索赔、交还船、租金支付等纠纷;

(2)能分析并处理光船租赁合同纠纷;

(3)能分析并处理船舶融资中的船舶租购问题。

任务四:共同海损纠纷处理

1)主要内容:

共同海损与单独海损的辨析;共同海损理算。

2)技能和素质:

(1)能区别单独海损和共同海损;

(2)能判断损失或费用是否属于共同海损牺牲、共同海损费用;

(3)能运用理论解释共同海损理算过程和内容。

任务五:海上保险纠纷处理

1)主要内容:

最大诚信原则;保险利益原则;代位求偿纠纷;保险单纠纷。

2)技能和素质:

(1)能运用海上保险的几大原则判断合同的成立与效力;

(2)能解决海上保险代位求偿纠纷;

(3)能运用所学法律解决保险理赔纠纷;

此外,在每个任务中贯穿:

(1)课堂案例分析,使得学生自行分析案情,扮演不同角色,分组进行讨论,锻炼表达能力、思辨能力,提高分析案例和解决真实案例的能力;

(2)到法院旁听,感受法庭审判的庄严,了解法庭审判的程序和要求;

(3)到港航企业进行顶岗实习,从事实际操作工作,处理海事航运法律纠纷,提高解决问题的能力;

(4)海事模拟法庭,模拟法院真实审判,体会作为法官、律师、当事人等的感受,再现法庭审理的全过程;

(5)断案高手比赛,加深海商法律知识的理解,培养学生思辨能力和运用法律处理海商事务的能力;

(6)法律服务中心宣传法律,提供法律咨询、援助,服务社会和区域经济;

(7)通过网络资源上的前沿资讯、教学资源库的不断更新、开设讲座等培养学生的继续学习能力。

序号	任　务	教学学时数		
		实践教学	讲授	小计
1	船舶物权纠纷处理	6	4	10
2	国际海上货运纠纷处理	10	6	16
3	船舶租赁纠纷处理	6	4	10
4	共同海损纠纷处理	2	2	4
5	海上保险纠纷处理	5	4	9
6	机动	2		2
7	合计	31	20	51

注:实践教学包括:法院旁听(必修)、习题(必修)、课堂案例分析(必修)、海事模拟法庭(选修)、断案高手大赛(选修)、顶岗实习(必修)等。

4.课程的重点、难点及解决办法

4.1 教学重点

(1)船舶所有权、抵押权、留置权和优先权;

(2)海上货物运输合同下承运人、托运人、收货人、实际承运人的权利义务;

(3)提单制度;

(4)租船业务及合同条款;

(5)共同海损的构成、理算。

4.2 教学难点

(1)船舶优先权;

(2)海上货物运输合同下承运人、托运人、收货人、实际承运人的权利义务;

(3)无单放货、提单的签发与转让;

(4)租船业务及合同条款。

4.3 解决办法

(1)采用案例教学、现场教学、模拟法庭、断案高手比赛等实践教学,切实感受工作岗位;

(2)采用现代化教学手段,制作灵活、新颖、实用的多媒体课件,提高学生学习的积极性;

(3)外聘教师(法官、律师、航运人士等)参与教学;

(4)完善网络教学平台,不断更新教学资源,提高教学效果;

(5)对个别同学,采取单独讨论、辅导、网上答疑等方式解决。

5.考核方式

考核是检验学生学习效果的重要手段,科学的考核方法,是激发学生学习积极性的催化剂。在考核方式上,《海商纠纷处理》课程采取平时考核与期末考和相结合、理论知识和实践技能相结合、面试与笔试相结合、闭卷和开卷相结合的考核办法,实现网上在线测试。

5.1 纸上作业与网络习题相结合的作业系统改革

为了利于学生巩固所学知识,本课程组组织编写了《海商纠纷处理习题集》,采取按照章节布置,要求独立完成,分章讲评的方式,效果较好。除了传统的纸上作业练习之外,本课程还采用了网上习题系统,让学生使用在线习题系统进行习题练习,提交作业结果。

5.2 激励性的过程考核方式

加强学生学习过程的质量控制,每个教学单元的实践任务都要根据学生的学习态度、实操完成质量、任务完成及时性记录成绩，作为计算学期总评成绩的依据。

重视对职业技能的全面测试，引入面试形式，即不只是对课程知识和法条的记忆测验，还进行更为全面的处理具体案件的解决问题的实际能力考核。口试当场进行，旨在考查学生的理解能力、应变能力和口头表达能力。

“操作考试”，操作考试不是简单的知识的记忆，而是要求在特定的环境中，模拟真实的情形让应试者处理具体的案件。

5.3 自评和他评相结合

考试成绩由平时成绩60分和期末卷面成绩40分组成。

平时考核方面，结合学生课堂案例分析步骤、案例分析结果、小组合作、面试情况以及操作考试等，有学生自评（30%）、学生互评（30%）和教师评价（40%）三部分构成。

期末考核试卷既注意对基础知识的考查，更侧重选择、判断、案例分析等主观题，以实现对学生知识运用能力的考察。

这种考核办法强调了各知识点的重要性和连贯性，培养学生勤奋踏实的工作作风，学习一项能力，掌握一项能力。既消除了学生考试中的侥幸心理，也减轻了学生期末考试的压力，使学生在紧张有序的学习中，感受到轻松和愉快。

《报关实务》课程标准

【课程名称】

报关实务

【适用专业】

水运管理、国际航运管理、港口与航运管理、港口业务管理等

【参考学时】

49 学时

1. 前言

1.1 课程的性质

本课程作为水运管理专业、港口与航运管理专业、国际航运管理专业的基础课程，目标是让学生掌握现行的海关通关制度和报关工作的基本程序、方法和技巧，熟悉一定的外贸知识，具备从事国际商务活动和报关活动的能力和素质。它以国际贸易实务、货物学、专业英语等课程的学习为基础，是把国际贸易单证、商品学知识、国际商贸英语和航运货代专业英语、与报关相关的海关法律知识、时事经济等各层信息融合为一体的综合性实务课程。

1.2 设计思路

本课程是依据“水运管理专业、港口与航运管理专业和国际航运业务管理专业工作任务与职业能力分析表”中的报关工作项目设置的。总体设计思路是：打破以知识传授为主要特征的传统学科课程模式，转变为以工作任务为中心组织课程内容，并让学生在完成报关具体项目的过程中学会完成报关工作任务的方法、程序和技巧，并构建相关理论知识，发展职业能力。本课程要充分体现“课堂理论教学 + 校内实训 + 企业顶岗实习”三结合的人才培养模式。

课程内容突出对学生职业能力的训练，理论知识的选取紧紧围绕工作任务完成的需要来进行，同时又充分考虑了高等职业教育对理论知识学习的需要，并融合了全国报关员资格证书对知识、技能和态度的要求。

项目设计以知识应用水平的需要为线索来进行。教学过程中，要通过校企合作，校内实训基地建设等多种途径，采取工学结合、半工半读等形式，充分开发学习资源，给学生提供丰富的实践机会。教学效果评价采取过程评价与结果评价相结合的方式，通过理论与实践相结合，重点评价学生的职业能力。

本门课程的参考学时为 49 学时。建议理论学习安排 34 学时，实训安排 15 学时。

2. 课程目标

本课程要求学生掌握一定的报关基础知识和报关专业技能，熟悉和运用国际惯例和国家海关政策。在情感态度方面要求学生自我管理、自主学习，做到主动参与、主动学习、主动思考。具备团队合作的价值观，要求学生组队参与复杂报关工作。学生通过本课程的学习，能够自如地进行报关业务的操作，符合《报关员国家职业标准（试行）》的要求，基本具备报关员的素质，成为具有实际操作能力的应用型专门人才。

学生应达到的职业能力目标如下：

◎ 能够依据我国报关管理的基本制度办理报关企业注册登记许可和报关员注册登记手

续，合法地进行报关活动；

◎ 能够根据国家外贸管制制度办理货物进出口相应的手续；

◎ 能够依据报关程序准备报关单证、实施报关作业；

◎ 会进行进出口商品的归类和原产地确定；

◎ 会缴纳和计算进出口关税及其他税费；

◎ 会填制进出口货物报关单等单据；

◎ 能进行知识迁移。

3. 课程内容和要求

根据专业课程目标和涵盖的工作任务要求，确定课程内容和要求，说明学生应获得的知识、技能与态度。

序号	工作任务	知识内容与要求	技能内容与要求	活动设计(举例)	参考学时
项目一	报关事务管理	报关与海关管理报关资格管理国家外贸管制	(1)报关企业注册登记许可和报关员注册登记手续； (2)对外贸易经营者管理制度、货物、技术进出口许可管理制度、进出境检验检疫制度、进出口货物收付汇管理制度、对外贸易救济制度、许可证管理制度以及其他进出口许可管理制度	教师演示＋案例分析	8
项目二	报关作业实施与管理	申报、缴税、查验与放行	所有海关监管模式下的报关现场作业和审批作业，包括递单、打单、缴纳税费、配合查验、结关以及备案申请、报核、销案等事项和手续的办理，还包括了转关运输办理等事宜	教师引导	8
项目三	商品归类与原产地确定	进出口商品归类、原产地确定原则	进出口商品编码的确定与进出口货物原产地的确定	项目引导	4
项目四	报关核算	海关关税税款补征、海关估价、逾期缴纳关税的海关强制执行	报关流程中前期、中期和后期的所有核算，包括关税、进口环节税、保证金、滞报金、滞纳金计算，完税价格的核算，加工贸易企业与申报相关的数据平衡核算，出口退税核算，报关成本核算，风险和效益核算等	项目引导	4
项目五	报关单证准备与管理	报关单准备、许可单证准备、报关单证管理	所有与报关单证相关的工作内容，即报关单证的接收、分析、审核、填制、复核、保管等	项目引导	10
合计					34

4. 实施建议

4.1 教材编写

教材编写必须紧紧围绕本专业学习目标和本课程标准开展，以海关知识实际应用能力和报关基本技能培养为本位来编写高职高专课程内容体系。要充分体现项目课程设计思想，以项目为载体实施教学，项目选取要科学、符合本门课程的工作逻辑、能形成系列，让学生在完成项目的过程中逐步提高职业能力，同时要考虑可操作性。教材内容要反映新政策、新发展。

4.2 教学建议

在教学过程中，根据专业课程学习的要求以及全国报关员资格考试的要求，在讲授报关基础知识和报关基本技能的同时，把历年考题考点结合讲解。在每个教学阶段，融入实际生活例子的课程设计内容，能很好的激发学生的学习兴趣。通过教学考证一体化的实务教学、软件模拟实训以及校企紧密合作项目推动课程实战，建立以学生为主体的"实务"（理论知识实务化）、"实训"（专业技能实训化）、"实战"（职业能力实战化）三维立体教学系统。教学中还应特别注意对使用方法的掌握，以便学生在工作岗位上实现知识迁移。

4.3 教学评价

教学评价方面主要是针对学生三个方面能力的要求：专业能力、方法能力以及个性能力。专业能力占60%，方法能力占25%，个性能力占15%。专业能力方面的评价内容包括阶段测验、课后作业、期末测验；方法能力方面的评价内容包括实训、案例演示、小组讨论；个性能力方面的内容包括考勤、作业情况及课堂表现。

教学评价包括过程评价和结果评价。每个子系统都要进行阶段评价，考查学生的专业技能、沟通交流、团队协作等关键能力。评价方法包括阶段测验、期末测验、实训、案例演示、小组讨论、考勤和课堂表现、作业情况。

4.4 课程资源的开发与利用

建立"海关实务"教学网站，对教学资源进行有效整合，使之成为教师和学生双向沟通的平台，进一步开发出新的教学功能。在网上发布报关实务的视频教学、课件、实训指导手册、单证填制练习题及应用实例等课程资源，以满足不同学习目标以及不同能力水平的学生需求。

《船舶代理业务》课程标准

【课程名称】

船舶代理业务

【适用专业】

水运管理、国际航运管理、港口与航运管理、港口业务管理等

【参考学时】

36学时

1. 前言

1.1 课程的性质

本课程是水运管理、国际航运管理以及港口与航运管理专业的专业选修课,它与理货业务均为本专业学生选择应当掌握的职业技能课程。本课程要求学生了解我国目前外轮代理市场,掌握从事船舶代理业务的基本理论、业务知识和基本技能,并了解相关业务的习惯做法及其法律法规。主要内容包括:船舶代理关系的建立、备用金管理策略、船舶进出港业务代理、船舶货运代理业务、租船的现场管理、缮制装卸时间实施记录等工作,为该专业学生从事船舶代理工作打下良好的基础。在专业课程体系中,《船舶代理业务》属于专业选修课,前导课程比较多,包括《专业英语》、《船舶货运技术》、《报关与报检实务》、《港口装卸作业》、《远洋运输业务》、《货物学基础》、《国际贸易单证与实务》、《国际航运管理》等课程;由于是直接面向工作岗位课程,因此无后续课程。

1.2 设计思路

本门课程是根据水运管理专业学生应具备的职业能力而设立的。其总体设计思路为,根据外贸运输行业的种类和结构以及学生的就业方向而全新开设的一门专业课程,课程内容选取自船舶代理工作中的实际工作任务,其教学方法以多媒体教学为主,结合任务设计,角色扮演等方法提高学生学习兴趣,切实提高职业能力。本课程工作任务包括:船舶代理关系的建立、备用金管理策略、船舶进出港业务代理、船舶货运代理业务、租船的现场管理、缮制装卸时间实施记录等工作。在教学过程中,加强校企合作,校内实训基地建设等,采取工学结合,充分开发学习资源,收集整理图片、视频、案例、讲座等材料,给学生提供丰富的教学资源和实践机会。教学效果评价采取过程评价与结果评价相结合的方式,通过理论与实践相结合,重点评价学生的职业能力。本课程相关的职业标准为我系教师主笔的《船舶代理业务员》职业标准,目前已通过交通运输部审核。

本门课程的参考学时建议为36学时。

2. 课程目标

通过工学结合、校企合作工作过程系统化课程开发的任务驱动型的项目活动,培养学生具有良好职业道德、专业技能水平、可持续发展能力,使学生掌握涉外运输经营管理的基本技能,初步形成一定的学习能力和课程实践能力,并培养学生诚实、守信、善于沟通和合作的团队意识,提高学生在班轮运输,运价制订,租船运输等专门化方面的职业能力,通过理论、实训、实习相结合的教学方式,边讲边学、边学边做、做中学、学中做,同时辅以网络课程教学和社会实践,

使学生具有掌握技能掌握知识专业能力、学会学习学会工作的方法能力、学会共处学会做人的社会能力，最终把学生培养成为具有良好职业道德的、具有集涉外船舶运输业务的理论知识和实践能力的、具有可持续发展能力的高素质高技能型专门人才，以适应市场对涉外船舶运输业务人才的需求。

职业能力目标：

◎ 掌握接受船舶代理委托的程序；

◎ 备用金的估算、使用和结算；

◎ 掌握船舶抵港前、锚地、抵港作业时工作；

◎ 掌握船舶货运进口业务办理程序；

◎ 掌握船舶货运出口业务办理程序；

◎ 掌握船舶离港时工作；

◎ 能够准确缮制装卸时间事实记录；

◎ 掌握租船的现场管理工作；

◎ 能够独立学习和工作，具有一定的创新能力，能够进行交流并有团队合作精神和职业道德素养。

3. 课程内容和要求

根据专业课程目标和涵盖的工作任务要求，确定课程内容和要求，说明学生应获得的知识、技能与态度。

序号	工作任务	知识内容与要求	技能内容与要求	活动设计(举例)	参考学时
项目一	船舶代理关系建立	(1)国际船舶代理人的业务范围； (2)国际船舶代理人的法律关系； (3)代理人和委托人的责任和义务	(1)能够使用电话、传真、电邮等形式与客户交流； (2)撰写、审核和签署代理合同	翻译：Standard Liner and General Agency Agreement, Agency Agreement of Tramp Vessels.	4
项目二	备用金管理	(1)备用金的用途； (2)备用金估算项目	(1)如何计算备用使用金额； (2)如何向船方索取备用金； (3)如何进行备用金的结算	情境设计：如果出现签署代理合同后，委托人一直为支付委托金，此时船舶已经靠泊，此时如何处理?	4
项目三	船舶调度业务代理	(1)停靠港口状况及进出港规定； (2)本地航道、吃水、潮汐等状况； (3)国际船舶进出口岸申请书填写； (4)进口危险品申报单填写；	(1)能够使用传真或电子邮件索取委托方货物进口货运单证； (2)能够填写船舶进出口岸申请书及船舶规范； (3)能够填写“进口危险品申报单”； (4)能够制作出口货物单证；	情境设计：请搜集整理办理船舶调度业务所需要的船舶证书	8

续上表

序号	工作任务	知识内容与要求	技能内容与要求	活动设计(举例)	参考学时
项目三	船舶调度业务代理	(5)出口货物单证基础知识； (6)进出口检验检疫申报规定； (7)港口装卸计划安排； (8)港口使费计算种类及标准； (9)船舶结构基础知识； (10)船舶维修及配件行情； (11)装卸时间事实记录填写方法	(5)能够办理进出口检验检疫申报手续； (6)能够填写“船舶费用分摊表”； (7)能够通知船长作业安排,如预计离港时间、移泊计划等； (8)能够编制装卸时间事实记录； (9)能够编制进口货物舱单,协调作业期间现场发生的问题； (10)能够根据港方安排及时通知船方预计装卸完毕时间和开航时间； (11)能收集海事签证、船舶检验等船舶单证(燃油、大舱)	情境设计:请收集整理办理船舶调度业务所需要的船舶证书	8
项目四	外勤现场代理业务	(1)航运英语基础知识； (2)理货业务基础知识及进出口货物单证基础知识； (3)船舶吨税的种类及计算方法； (4)船舶结构、油耗知识； (5)船舶规范相关知识； (6)船舶稳性基础知识； (7)船舶营运证书相关知识,船旗国、港口国检查相关知识； (8)《国际航行船舶进出口岸检查办法》相关知识	(1)能够向船长介绍本港口情况、有关规定及其他注意事项； (2)能够办理进出港申报手续； (3)如有溢短卸,能够及时向理货公司索取溢卸/短卸报告或要求检验单位或货主提供公估计量证书副本； (4)能够检查船舶有效吨税； (5)能够核实船舶抵港时间和抵港吃水、引航员登船时间和起锚进港时间、存油水量、船舶规范、压载水排放报告等事项； (6)能够填写委托项目记录； (7)能够及时向船方索取办理出港手续的有关单证和表格； (8)能够办理出口岸手续； (9)能够记录船舶作业完毕时间、开航时间、船舶吃水、装/卸货数量、油水存量、开放港及其他事项	情境设计:有学生扮演:海关、边防、商检及海事部分。有船代选择正确的证书向正确的部门申报	8

续上表

序号	工作任务	知识内容与要求	技能内容与要求	活动设计(举例)	参考学时
项目五	货运业务代理	(1)积载图、舱单及提单相关知识; (2)提货单编制知识; (3)理货业务基础知识; (4)电子数据交换相关知识; (5)到货通知书编制方法; (6)集装箱运输业务相关知识; (7)国际贸易单证相关知识; (8)《水路危险货物运输规则》相关知识; (9)集装箱运输业务相关知识	(1)能够通过使用现代通信手段,如子邮件、传真、EDI接受进口货物船舶单证; (2)能够核实积载图、舱单与提单副本; (3)能够编制提货单; (4)能够发出到货通知书; (5)能够开具集装箱设备交接单; (6)能够审核托运单; (7)能够编制舱单、装货清单及运费舱单; (8)能够编制危险品货物说明书; (9)能够开具集装箱设备交接单; (10)能够制作"装船通知"	情境设计:请搜集货运业务中所涉及的所有单证	6
项目六	船舶交接业务代理	(1)船舶结构基础知识; (2)船舶结构基础知识; (3)租约合同条款; (4)海商法相关知识	(1)能够制作交船证书,上航次船舶耗油、船舶资料等记录内容; (2)能够根据租船方的要求办理加油手续(船舶供应); (3)能审核油的品种、规格、数量和价格费用; (4)能够收回承租人购买的吨税证书、能够申请船舱存油货舱检验; (5)能够核对垫料数,办理国外垫料的检疫手续(船舶供应)、制作还船证书; (6)能够编制停/复租证书,并要求船长签字; (7)能制作停/复租事实记录	工作任务:请翻译租船四大证书:交船证书、换船证书、停租证书、复租证书	6
合计					36

4. 实施建议

4.1 教材编写

(1)教材编写可以采用以下工具书:对外经济贸易大学出版社出版的《国际船舶代理业务与国际集装箱货代业务》以及人民交通出版社出版的《国际船舶代理业务》,教材应当以本课程标准为依据进行教材编写。

(2)校企联合编写适合工学结合的教材,教材编写以校企合作、工学结合培养高技能人才的要求为目标,注重能力本位的原则,力求突出"理论够用、重在实操"和"简单明了、方便实用"的特色,内容应具有较强的应用性和针对性,编写的目的主要是为了培养具有良好职业道德、具有一定理论知识、具有较强操作和管理实践能力、具有可持续发展能力的、为企业所欢迎的船舶代理业务实用性的人才。

(3)教材应图文并茂,提高学生的学习并加深学生对船舶代理业务知识的理解与掌握。

(4)对于教材编写应当跟踪交通运输部待颁布的《船舶代理业务员》标准,吸收其主要精髓,结合高职学生学习的特点编制相应的教材。

4.2 教学建议

(1)本课程在教学过程中,应立足于岗位职业能力的形成,注重对学生专业能力、方法能力、社会能力的培养,采用"校企合作、工学结合"项目教学,以任务驱动型的项目活动提高学生的学习兴趣。

(2)本课程教学须充分利用学校和企业的两种资源,学校专职教师与企业兼职教师教学相结合,采用现代多媒体教学与企业现场实践教学相结合,注重学做结合,边讲边学,教与学互动,做中学,学中做,强化学生实践能力和岗位职业能力的提高。

(3)在教学过程中,要创设工作情境,强化实际操作训练;要跟踪交通运输部的《船舶代理业务员》职业标准颁布情况。

(4)在教学过程中,要尽可能采用多媒体教学、实训软件、实物教学、航运企业现场教学模式。

(5)尽量采用小班化教学。

(6)学校专职教师应具有"双师型"工作能力,具有与课程内容相关的船舶代理业务能力,从学生实际出发,因材施教,着力培养学生对本课程的学习兴趣,从而提高学生学习的主动性和积极性。

(7)企业兼职教师应具有一定的普通话基础,并掌握一定的教学、教育相关知识,在进行示范性教学时,能充分表达所教授的内容。

4.3 教学评价

(1)改革考核手段和方法,加强实践性教学环节的考核,可采用过程考核和结果考核相结合的考核方法。

(2)由学校主讲老师和企业兼职老师结合考勤情况、学习态度、学生作业、平时测验、实验实训、技能竞赛、顶岗实习情况及考核情况,共同综合评定学生成绩。

(3)应注重对学生动手能力和在实践中分析问题、解决问题能力的考核,对在学习和应用上有创新的学生给予特别鼓励,综合评价学生的能力。

4.4 课程资源的开发与利用

(1)注重实训指导书和实验实训标准的开发和应用。

(2)注重常用课程资源的开发。充分利用挂图、幻灯片、投影片、录像带、视听光盘、多媒体软件、电子教案资源创设形象生动的工作情境,激发学生的学习,促进学生对知识的理解和掌握。建议加强常用课程资源的开发,建立多媒体课程资源的数据库,努力实现跨学校多媒体资源的共享,以提高资源利用效率。

(3)积极开发和利用网络课程资源。充分利用诸如电子书籍、电子期刊、数据库、数字图书馆、教育网站和电子论坛等网络信息资源,使教学媒体从单一媒体向多种媒体转变,使教学活动从信息的单向传递向双向交互转变,使学生从单独的学习向合作学习转变。

(4)校企合作开发实验实训课程资源。充分利用本行业典型企业的资源,加强校企合作建立校内、校外实训基地,满足学生的实习实训需求,在此过程中进行实验实训课程资源的开发,同时为学生提供就业机会,开创就业渠道。

(5)建立开放式实验实训中心,使之具备职业技能考核、实验实训、现场教学的功能,将教学与培训教材合一、教学与实训合一,满足高职学生综合职业能力培养的需求。

《港口理货业务》课程标准

【课程名称】

港口理货业务

【适用专业】

水运管理、国际航运管理、港口与航运管理、港口业务管理等

【参考学时】

36学时

1. 前言

1.1 课程性质

本课程是港口业务管理、水运管理、港口与航运管理等专业的一门专业课程，其功能在于培养学生具有港口理货业务的基本技能、港口理货业务操作与分析能力等多种岗位职业能力，达到相关专业高职学生应具备的岗位职业能力要求，培养学生分析问题与解决问题的能力、港口理货业务操作与管理岗位职业能力、职业道德素养及可持续发展能力，为港口业务管理、水运管理、港口与航运管理等专业高职学生的顺利就业打下基础。在水运管理专业课程体系中，《港口理货业务》属于核心专业课程。它的前导课程有《货物学基础》、《船舶货运》，后续课程有《港口管理》。其中，《货物学基础》为《港口理货业务》提供了现场理货业务中有关货物的基础知识，而《船舶货运》则是理货业务中确定货物在船舶舱位中的具体位置的必备知识。

1.2 设计思路

本课程的设计思路是以就业为导向，邀请行业专家对港口业务管理、水运管理、港口与航运管理等专业所涵盖的岗位群进行工作任务和职业能力分析，并以此为依据确定本课程的工作任务和课程内容。根据港口业务管理等专业所涉及的港口理货业务操作教学管理基础知识内容，分解成若干教学活动，在校内实习和校外顶岗实习中加深对专业知识、技能的理解和应用，培养学生的综合职业能力和可持续发展能力。整个课程内容以够用为原则。

2. 课程目标

通过"工学结合、校企合作"的工作过程系统化课程开发的任务驱动型的项目活动，培养学生具有良好职业道德、专业技能水平、可持续发展能力，使学生掌握港口理货业务操作的基本知识与基本技能，初步形成一定的学习能力和课程实践能力，并培养学生诚实、守信、善于沟通和合作的团队意识，通过理论、实训、实习相结合的教学方式，边讲边学、边学边做、做中学、学中做，同时辅以网络课程教学和社会实践，使学生具有掌握技能掌握知识专业能力、学会学习学会工作的方法能力、学会共处学会做人的社会能力，最终把学生培养成为具有良好职业道德的、具有港口理货操作的管理理论和实践能力的、具有可持续发展能力的高素质高技能型专门人才，以适应市场对港口理货业务操作与管理人才的需求。

职业能力目标：

◎ 了解理货业务在国际海运中的作用；

◎ 掌握理货员的基本岗位职责；

◎ 掌握船舶装舱积载以及衬垫、隔票的基本要求；

◎ 熟练掌握主要理货单证及业务流程；

◎ 熟练掌握理货业务中有关分票和理数作业；

◎ 熟练掌握理货操作中有关溢短货物和残损货物处理的基本要求与方法；

◎ 能正确识别货物积载图；

◎ 掌握理货业务操作中有关签证的问题；

◎ 能够独立学习和工作，具有一定的创新能力，能够进行交流并有团队合作精神和职业道德素养。

3. 课程内容与要求

本课程的内容主要包括：理货业务在国际海运中的作用，港口理货业务员主要岗位职业的要求，港口理货业务的主要单证、基本流程、理货方法和技能，港口理货业务操作中有关签证问题等。

本课程采用课内讲授和实际操作的结合教学、案例分析、模拟实训、企业实践相结合的教学模式，落实"工学结合、精讲多练"的措施，教学内容围绕基础性和前沿性进行，以培养学生创新思维和实践能力为目的，围绕培养学生适应港口业务操作与管理主要职业岗位为技能训练核心，集传统教学方法及案例教育、多媒体、网络教学、企业实践等现代教育手段，理论联系实际，融知识传授、能力培养和素质教育于一体，着重培养学生的岗位职业道德、实际动手能力及岗位适应能力、可持续发展能力，提高学生的技术应用能力和综合素质，同时辅以网络教学和社会实践，强化学生的专业能力、方法能力、社会能力，以适应港口企业对岗位职业的要求。

总之，《港口理货业务》在选取和组织课程内容时，应紧密围绕港口理货的操作过程，有目的地将货物学基础、船舶配积载作业的专业知识的内容根据学生心理认知规律，按照港口业务操作工作过程展开。具体内容如下：

序号	工作任务	知识内容与要求	技能内容与要求	活动设计（举例）	参考学时
项目一	港口理货业务基础	（1）掌握理货的性质和意义； （2）掌握港口理货的基本原则； （3）掌握理货人员基本岗位要求	（1）培养学生职业岗位能力； （2）通过对理货的认识，掌握理货工作对运输的重要性，为其成为职业人打好基础	学生通过上网查询资料，了解理货工作的职业要求	4
项目二	货物装舱积载及衬垫隔票要求	（1）货物装舱积载的基本要求； （2）货物衬垫和隔票的基本要求	（1）对船舶配积载工作进行认识； （2）为保证货物运输安全，如何进行有效的衬垫和隔票	运用相关案例进行教学	4

续上表

序号	工作任务	知识内容与要求	技能内容与要求	活动设计(举例)	参考学时
项目三	理货单证及意义	(1)理货业务中单证的种类; (2)理货单证的填写要求; (3)理货人员使用的主要附属单证	(1)理货单证的作用; (2)理货单证的填写要求	通过理货单证的填写并结合案例进行分析	6
项目四	理货业务中的分票与理数	(1)分票业务; (2)混票业务; (3)理数业务; (4)理货交接业务	(1)分票、混票、理数业务操作主要职责; (2)理货交接中的主要操作流程	通过理货案例进行分析	6
项目五	溢短货物及残损货物的处理	(1)货物溢短及残损的原因; (2)货物溢短及残损的预防; (3)货物溢短及残损的处理	(1)货物溢短及残损的原因分析; (2)如何预防货物溢短及残损的产生; (3)正确处理货物溢短及残损	通过理货案例进行分析	4
项目六	货物积载图的识别	(1)绘制货物积载图的原则与要求; (2)货物积载图的正确识别	能根据货物积载图,确定每票货物在船舶的正确装载位置	利用货物积载图进行教学法,要求学生正确识别	6
项目七	理货业务中的签证与批注	(1)理货业务中签证的要求; (2)理货业务中批注的要求; (3)理货业务中签证和批注的处理	(1)理货结束后如何进行签证; (2)理货业务中如何正确对理货单证进行批注	结合案例,分组进行讨论分析	6
合计					36

4. 实施建议

4.1　教材编写

(1)打破传统的学科教材模式,以本课程标准为依据进行教材编写。本课程可以参考资料有孙肇裕主编《外轮理货业务》,中国物资出版社出版。

(2)校企联合编写适合工学结合的教材,教材编写以校企合作、工学结合培养高技能人才的要求为目标,注重能力本位的原则,力求突出“理论够用、重在实操”和“简单明了、方便实用”的特色,内容应具有较强的应用性和针对性,编写的目的主要是为了培养具有良好职业道德、具有一定理论知识、具有较强操作和管理实践能力、具有可持续发展能力的、为企业所欢迎的高技能应用性人才。

(3)教材应图文并茂,提高学生的学习兴趣并加深学生对港口理货业务操作知识的理解与掌握。

(4)对于涉及港口业务管理、水运管理、港口与航运管理等专业岗位的实践活动教材应以岗位的操作规程为基准,并将其纳入其中。

(5)为教材配置专门的多媒体光盘,以利教学的需要和学生的自学。

4.2 教学建议

(1)本课程在教学过程中,应立足于岗位职业能力的形成,注重对学生专业能力、方法能力、社会能力的培养,采用"校企合作、工学结合"项目教学,以任务驱动型的项目活动提高学生学习兴趣。

(2)本课程教学须充分利用学校和企业的两种资源,学校专职教师与企业兼职教师教学相结合,采用现代多媒体教学与企业现场实践教学相结合,注重学做结合,边讲边学,教与学互动,做中学,学中做,强化学生实践能力和岗位职业能力的提高。

(3)在教学过程中,要创设工作情境,强化实际操作训练;要紧密结合职业技能证书的考核,在操作训练中,使学生掌握港口理货业务与作业的相关知识。

(4)在教学过程中,要尽可能采用多媒体教学、仿真实训室、实训软件、实物教学、港口理货企业现场教学模式。

(5)尽量采用小班化教学。

(6)学校专职教师应具有"双师型"工作能力,具有与课程内容相关的港口理货业务与管理能力,从学生实际出发,因材施教,着力培养学生对本课程的学习兴趣,从而提高学生学习的主动性和积极性。

(7)企业兼职教师应具有一定的普通话基础,并掌握一定的教学、教育相关知识,在进行示范性教学时,能充分表达所教授的内容。

(8)在教学过程中辅以网络教学和暑期社会实践,以进一步促进学生社会能力的形成。

4.3 教学评价

(1)改革考核手段和方法,加强实践性教学环节的考核,可采用过程考核和结果考核相结合的考核方法。

(2)由学校主讲老师和企业兼职老师结合考勤情况、学习态度、学生作业、平时测验、实验实训、技能竞赛、顶岗实习情况及考核情况,共同综合评定学生成绩。

(3)应注重对学生动手能力和在实践中分析问题、解决问题能力的考核,对在学习和应用上有创新的学生给予特别鼓励,综合评价学生的能力。

4.4 课程资源的开发与利用

(1)注重实训指导书和实验实训标准的开发和应用。

(2)注重常用课程资源的开发。充分利用挂图、幻灯片、投影片、录像带、视听光盘、多媒体软件、电子教案资源创设形象生动的工作情境,激发学生的学习兴趣,促进学生对知识的理解和掌握。建议加强常用课程资源的开发,建立多媒体课程资源的数据库,努力实现跨学校多媒体资源的共享,以提高资源的利用效率。

(3)积极开发和利用网络课程资源。充分利用诸如电子书籍、电子期刊、数据库、数字图书馆、教育网站和电子论坛等网络信息资源,使教学媒体从单一媒体向多种媒体转变,使教学活动从信息的单向传递向双向交互转变,使学生从单独的学习向合作学习转变。

(4)校企合作开发实验实训课程资源。充分利用本行业典型企业的资源,加强校企合作建立校内、校外实训基地,满足学生的实习实训需求,在此过程中进行实验实训课程资源的开发,同时为学生提供就业机会,开创就业渠道。

(5)建立开放式实验实训中心,使之具备职业技能考核、实验实训、现场教学的功能,将教学与培训教材合一、教学与实训合一,满足高职学生综合职业能力培养的需求。

5. 其他

(1)在教学过程中,要求配备一定比例的兼职教师,以满足工学结合教学的需要。

(2)密切校企合作,确保工学结合教学的顺利进行。

(3)在教学过程中,要求配备一定数量的港口理货业务操作作业软件,以保障教学的进行。

(4)本课程适用于三年制高等职业院校港口业务管理、水运管理、港口与航运管理等专业,同时也适用于国际航运管理、港口物流管理,同时还适合港口企业的培训。

《港口装卸机械与工艺》课程标准

【课程名称】

港口装卸机械与工艺

【适用专业】

水运管理、国际航运管理、港口与航运管理、港口业务管理等

【参考学时】

51 学时

1. 前言

1.1　课程的性质

港口装卸生产是港口货物流通的最重要功能,装卸机械和工艺是港口生产的基础,装卸工艺的发展不仅反映了港口技术的现代化进程,同时也体现了港口现代化生产和管理的时代特征。

作为港口业务管理、水运管理以及港口与航运管理专业的高职学生,本课程是本专业学生面向港口岗位就业必须掌握的基础知识。本课程要求学生熟悉各类港口所使用的机械设备,掌握各种货物港口装卸的特点。主要内容包括:港口装卸工艺的系统分析、件杂货装卸工艺、集装箱装卸工艺、木材装卸工艺、煤炭和矿石装卸工艺、散粮装卸工艺等工作,为本专业学生从事港口管理工作打下良好的基础。在专业课程体系中,《港口装卸工艺》属于专业必修课,为最后一个学期开设。前导课程有《货物学基础》、《港口装卸作业》、《远洋运输业务》、《港口理货业务》等课程;由于是直接面向工作岗位课程,因此无后续课程。

1.2　设计思路

本门课程是根据水运管理专业学生应具备的职业能力而设立的。其总体设计思路为,根据港口装卸货物的种类,学生工作时涉及机械与工艺领域而开设的一门专业课程,课程内容选取来自港口装卸工艺的实践和长期理论的总结,并参考近年来国外港口装卸工艺的最新发展,为配合本课程的教学,还自主开发了《基于 Google 的地理实训系统》,其中实训模块介绍了解国外主要的大型港口设备的识别功能,本课程还配有 1 周港口装卸工艺设计实训。其教学方法以多媒体教学为主,结合任务设计,角色扮演等方法提高学生学习兴趣,切实提高职业能力。在教学过程中,加强校企合作,校内实训基地建设等,采取工学结合,充分开发学习资源,收集整理图片、视频、案例、讲座等材料,给学生提供丰富的教学资源和实践机会。教学效果评价采取过程评价与结果评价相结合的方式,通过理论与实践相结合,重点评价学生的职业能力。

本门课程的参考学时建议为 51 学时。

2. 课程目标

通过"工学结合、校企合作"的工作过程系统化课程开发的任务驱动型的项目活动,培养学生具有良好职业道德、专业技能水平、可持续发展能力,使学生掌握港口装卸设备识别及工艺的设计等基本技能。初步形成一定的学习能力和课程实践能力,并培养学生诚实、守信、善于沟通和合作的团队意识,提高学生在港口装卸工艺优化等方面的职业能力,通过理论、实训、实习相结合的教学方式,边讲边学、边学边做、做中学、学中做,同时辅以网络课程教学和社会实践,使学生具有掌握技能掌握知识专业能力、学会学习学会工作的方法能力、学会共处学会

做人的社会能力，最终把学生培养成为具有良好职业道德的、具有港口管理业务的理论知识和实践能力的、具有可持续发展能力的高素质高技能型专门人才。

职业能力目标：

◎ 了解港口装卸设备选型及工艺合理化的原则；

◎ 掌握件杂货装卸工艺布置；

◎ 掌握集装箱装卸工艺方案；

◎ 了解木材装运和装卸的机械；

◎ 掌握煤炭进出口装卸工艺；

◎ 掌握散粮装卸工艺；

◎ 掌握液体货装卸工艺；

◎ 能够独立学习和工作，具有一定的创新能力，能够进行交流并有团队合作精神和职业道德素养。

3. 课程内容和要求

根据专业课程目标和涵盖的工作任务要求，确定课程内容和要求，说明学生应获得的知识、技能与态度。

序号	工作任务	知识内容与要求	技能内容与要求	活动设计(举例)	参考学时
项目一	件杂货装卸工艺设计	(1)件杂货装卸工艺布置； (2)件杂货装卸工艺组织； (3)件杂货装卸薄弱环节及解决方向	(1)能够识别件杂货装卸、水平运输机械； (2)能够识别件货主要吊装工夹具	请根据港口的最大月装卸量来计算装卸所使用的货板数	8
项目二	集装箱装卸工艺设计	(1)集装箱装卸、搬运机械化； (2)集装箱装卸工艺布置； (3)集装箱码头新型装卸工艺方案	(1)能够识别集装箱种类； (2)能够识别集装箱吊具、装卸机械； (3)能够掌握集装箱的装箱工艺	基于google港航地理实训系统：请根据盐田港的卫星图分析该港口所采用的机械设备与工艺	10
项目三	木材装卸工艺设计	(1)木材装卸工艺； (2)木材运输、装卸和保管的特点	(1)能够识别原木装卸吊货工夹具； (2)能够识别成材装卸工夹具； (3)能够设计原木和成材的装卸工艺	情境设计：给定港口的基本情况和机械配备进行木材装卸工艺流程设计	8
项目四	煤炭装卸工艺设计	(1)煤炭、矿石特性及对装卸保管的要求； (2)煤炭、矿石出口装卸工艺流程； (3)煤炭、矿石进口装卸工艺流程； (4)煤炭、矿石计量及粉尘防治	(1)能够识别螺旋翻车机、链斗卸车机等设备； (2)能够识别，堆料机、取料机及堆取料机等设备； (3)能够识别装船机、皮带输送机、平舱机械等设备	情境设计：试分析鹿特丹港的煤炭水力卸船系统	9

续上表

序号	工作任务	知识内容与要求	技能内容与要求	活动设计(举例)	参考学时
项目五	散粮装卸工艺设计	(1)散粮运输的优势; (2)散粮筒仓机械化系统; (3)散粮装卸车辆工艺; (4)散粮码头的除尘与防爆	(1)识别抓斗卸船机、吸粮机夹皮带卸船机、螺旋式卸船机、斗式卸船机、埋刮板卸船机; (2)能够识别散粮水平及垂直输送系统; (3)能够识别各种散粮筒仓机械化系统; (4)能够进行散粮装卸工艺的设计	情境设计:某海港散粮进口卸货工艺分析	8
项目六	液体货装卸工艺设计	(1)石油运输与存储的危险性; (2)石油装卸工艺; (3)油库的防火防爆措施; (4)液化天然气装卸工艺	(1)能够比较分析非金属油罐和金属油罐的优缺点; (2)能够识别输油泵、管线及输油臂; (3)能绘制原油及成品油的工艺流程图; (4)了解液化天然气码头装卸工艺	情景设计:某海港原油进口工艺分析	8
合计					51

4. 实施建议

4.1 教材编写

(1)教材编写可以采用以下工具书:人民交通出版社出版的《港口装卸工艺学》,主编宗蓓华、真虹。本教材内容较多,需要根据珠三角码头实际情况对教学内容进行有机选择。另外可参考我系自主编写的广州港培训教材《港口物流业务培训教材》。

(2)应加强校企联合编写适合的教材,教材编写以校企合作、工学结合培养高技能人才的要求为目标,注重能力本位的原则,力求突出"理论够用、重在实操"和"简单明了、方便实用"的特色,内容应具有较强的应用性和针对性,编写的目的主要是为了培养具有良好职业道德、具有一定理论知识、具有较强操作和管理实践能力、具有可持续发展能力的、为企业所欢迎的港口业管理的人才。

(3)教材应图文并茂,提高学生的学习兴趣并加深学生对港口机械与设备的理解与掌握。

4.2 教学建议

(1)本课程在教学过程中,应立足于岗位职业能力的形成,注重对学生专业能力、方法能力、社会能力的培养,采用"校企合作、工学结合"项目教学,以任务驱动型的项目活动提高学生的学习兴趣。

(2)本课程教学须充分利用学校和企业的两种资源,学校专职教师与企业兼职教师教学相结合,采用现代多媒体教学与企业现场实践教学相结合,注重学做结合,边讲边学,教与学互动,做中学,学中做,强化学生实践能力和岗位职业能力的提高。

(3)在教学过程中,要尽可能采用多媒体教学、实训软件、实物教学、航运企业现场教学模式。

(4)学校专职教师应具有“双师型”工作能力,具有与课程内容相关的港口业务知识与能力,从学生实际出发,因材施教,着力培养学生对本课程的学习兴趣,从而提高学生学习的主动性和积极性。

(5)企业兼职教师应具有一定的普通话基础,并掌握一定的教学、教育相关知识,在进行示范性教学时,能充分表达所教授的内容。

4.3 教学评价

(1)改革考核手段和方法,加强实践性教学环节的考核,可采用过程考核和结果考核相结合的考核方法。

(2)由学校主讲老师和企业兼职老师结合考勤情况、学习态度、学生作业、平时测验、实验实训、技能竞赛、顶岗实习情况及考核情况,共同综合评定学生成绩。

(3)应注重对学生动手能力和在实践中分析问题、解决问题能力的考核,对在学习和应用上有创新的学生应给予特别鼓励,对学生的能力进行综合评价。

4.4 课程资源的开发与利用

(1)注重实训指导书和实验实训标准的开发和应用。

(2)注重常用课程资源的开发。充分利用挂图、幻灯片、投影片、录像带、视听光盘、多媒体软件、电子教案资源创设形象生动的工作情境,激发学生的学习兴趣,促进学生对知识的理解和掌握。建议加强常用课程资源的开发,建立多媒体课程资源的数据库,努力实现跨学校多媒体资源的共享,以提高资源的利用效率。

(3)积极开发和利用网络课程资源。充分利用诸如电子书籍、电子期刊、数据库、数字图书馆、教育网站和电子论坛等网络信息资源,使教学媒体从单一媒体向多种媒体转变,使教学活动从信息的单向传递向双向交互转变,使学生从单独的学习向合作学习转变。

(4)校企合作开发实验实训课程资源。充分利用本行业典型企业的资源,加强校企合作建立校内、校外实训基地,满足学生的实习实训需求,在此过程中进行实验实训课程资源的开发,同时为学生提供就业机会,开创就业渠道。

(5)建立开放式实验实训中心,使之具备职业技能考核、实验实训、现场教学的功能,将教学与培训教材合一、教学与实训合一,满足高职学生综合职业能力培养的需求。

《港航商务管理》课程标准

【课程名称】

港航商务管理

【适用专业】

水运管理、国际航运管理、港口与航运管理、港口业务管理等

【参考学时】

64 学时

1. 前言

1.1 课程性质

本课程是港口与航运管理、国际航运管理、水运管理等专业的一门专业核心课程，其功能在于培养学生具有港航业务管理能力、港航业务操作与分析能力等多种岗位职业能力，达到相关专业高职学生应具备的岗位职业能力要求，培养学生分析问题与解决问题的能力、港航业务操作与管理岗位职业能力、职业道德素养及可持续发展能力，为港口与航运管理、国际航运管理、水运管理等专业高职学生的顺利就业打下基础。在水运管理专业课程体系中，《港航商务管理》属于核心专业课程。它的前导课程有《货物学基础》、《交通运输地理》，后续课程有《港口管理》、《集装箱运输业务》、《国际多式联运实务》等。其中，《货物学基础》为港航商务操作提供了现场理货业务中有关货物的基础知识，而《交通运输地理》则为港航商务操作中货源组织以及策划最佳航线提供了依据。

1.2 设计思路

本课程的设计思路是以就业为导向，邀请行业专家对港口与航运管理、国际航运管理、水运管理所涵盖的岗位群进行工作任务和职业能力分析，并以此为依据确定本课程的工作任务和课程内容。根据港口与航运管理等专业所涉及到的港航业务操作教学管理的基础知识内容，分解成若干教学活动，在校内实习和校外顶岗实习中加深对专业知识、技能的理解和应用，培养学生的综合职业能力和可持续发展能力。整个课程内容以够用为原则。

2. 课程目标

通过“工学结合、校企合作”的工作过程系统化课程开发的任务驱动型的项目活动，培养学生具有良好职业道德、专业技能水平、可持续发展能力，使学生掌握港航业务操作与港航企业经营管理的基本知识与技能，初步形成一定的学习能力和课程实践能力，并培养学生诚实、守信、善于沟通和合作的团队意识，及其海洋环境保护和港航生产安全意识，提高学生各专门化方面的职业能力，通过理论、实训、实习相结合的教学方式，边讲边学、边学边做、做中学、学中做，同时辅以网络课程教学和社会实践，使学生具有掌握技能掌握知识专业能力、学会学习学会工作的方法能力、学会共处学会做人的社会能力，最终把学生培养成为具有良好职业道德的、具有港航业务操作的管理理论和实践能力的、具有可持续发展能力的高素质高技能型专门人才，以适应市场对港航业务操作与管理人才的需求。

职业能力目标：

◎ 了解港航商务活动中的主要法规；

◎ 掌握港航商务中有关货运合同；

◎ 掌握港航商务中有关水运市场调查、货源组织及货运计划；

◎ 熟练掌握港航商务作业业务流程；

◎ 熟练掌握港航商务中有关运输费用；

◎ 掌握港口库场管理；

◎ 掌握港航商务中有关货运质量管理及商务信息管理；

◎ 掌握港航商务中有关联运业务及货运代理业务；

◎ 掌握危险货物运输业务；

◎ 掌握港航商务中有关货物运输保险与风险；

◎ 能够独立学习和工作，具有一定的创新能力，能够进行交流并有团队合作精神和职业道德素养。

3. 课程内容与要求

本课程的内容主要包括：港航商务管理的组织机构，港航商务操作岗位职业的要求，港航商务单证、港航商务中运输合同、港航商务作业流程等的基本理论、方法和技能。

本课程采用课内讲授和实际操作的结合教学、案例分析、模拟实训、企业实践相结合的教学模式，落实“工学结合、精讲多练”的措施，教学内容围绕基础性和前沿性进行，以培养学生创新思维和实践能力为目的，围绕培养学生适应港航商务操作主要职业岗位为技能训练核心，集传统教学方法及案例教育、多媒体、网络教学、企业实践等现代教育手段，理论联系实际，融知识传授、能力培养和素质教育于一体，着重培养学生的岗位职业道德、实际动手能力及岗位适应能力、可持续发展能力，提高学生的技术应用能力和综合素质，同时辅以网络教学和社会实践，强化学生的专业能力、方法能力、社会能力，以适应港航企业对岗位职业的要求。

总之，《港航商务管理》在选取和组织课程内容时，紧密围绕港航企业的操作过程，有目的地将港航商务操作、港航企业管理的专业知识的内容根据学生心理认知规律，按照港航商务操作工作过程展开。具体内容如下：

序号	工作任务	知识内容与要求	技能内容与要求	活动设计(举例)	参考学时
项目一	港航商务法规与货运合同	(1)掌握港航商务涉及的主要法规； (2)掌握相关当事人货运合同的主要责任与权利	(1)培养学生收集资料、拣选资料的能力； (2)培养学生在货运合同学习中具有全局观念，为其成为职业人打好基础	学生通过上网查询资料，了解主要法规；掌握货运合同主要条款	8
项目二	掌握水运市场及货源组织	(1)水运市场调查； (2)水路货运市场需求分析； (3)水运货源组织	(1)收集水运市场资料； (2)水运市场货源分析和预测； (3)水路货源组织	收集去年水运市场资料进行分析比较，形成分析报告	8
项目三	掌握港航货运商务作业程序	(1)托运与承运作业程序； (2)装卸与运输中商务作业程序； (3)货物到达与交付； (4)主要货运票据流程程序	(1)港航商务货运中托运、承运以及装卸运输环节的基本操作流程； (2)主要货运票据的作用及流转过程	案例分析	14

续上表

序号	工作任务	知识内容与要求	技能内容与要求	活动设计(举例)	参考学时
项目四	水路货物运输费用	(1)水路运费的构成; (2)船舶运价的制订; (3)港口费率制订; (4)运价的调整; (5)运费的计收	(1)水路货物运输运费的计算; (2)影响水路货物运输运费的因素分析	通过运费计算案例进行分析	8
项目五	港口库场管理	(1)港口库场功能; (2)港口库场堆码标准化; (3)港口库场主要经济技术指标	(1)港口库场的主要布局及主要功能; (2)港口库场主要经济指标的计算	案例分析	6
项目六	港航商务货运质量及信息化管理	(1)货运质量标准; (2)港航商务中的货运质量管理; (3)商务信息管理; (4)商务谈判	查阅相关资料,对当前港航商务中有关货运质量管理进行分析	案例分析	4
项目七	港航商务中联运业务及货运代理业务	(1)联运业务主要经营方式; (2)国际多式联运业务; (3)货物运输代理业务	(1)联运及国际多式联运业务主要业务流程; (2)货运代理与无船承运业务	结合案例,分组进行讨论分析	4
项目八	危险货物运输业务	(1)危险货物的托运与承运; (2)危险货物的装卸作业; (3)危险货物的储存、消防业务	(1)危险货物运输、装卸作业注意事项; (2)危险货物运输、装卸、储存中消防与环保要求	通过案例进行教学,学生分组进行讨论	8
项目九	货物运输风险与保险	(1)海上货物运输保险的主要险别; (2)海上货物运输保险期限及投保	(1)海上主要保险险别特点; (2)保险单	案例分析	4
合计					64

4. 实施建议

4.1　教材编写

(1)打破传统的学科教材模式,以本课程标准为依据进行教材编写。本课程可以参考资料有武德春、武骁主编《港航商务管理》,机械工业出版社出版。

(2)校企联合编写适合工学结合的教材,教材编写以"校企合作、工学结合"培养高技能人才的要求为目标,注重能力本位的原则,力求突出"理论够用、重在实操"和"简单明了、方便实用"的特色,内容应具有较强的应用性和针对性,编写的目的主要是为了培养具有良好职业道德、具有一定理论知识、具有较强操作和管理实践能力、具有可持续发展能力的、为企业所欢迎的高技能应用性人才。

(3)通过工作任务的需求,从有利于各专门化课程的学习出发,以够用为原则,设定能力目标,能力标准,引入高职学生所必需的理论知识,加强实际操作能力的训练。

(4)教材应图文并茂,提高学生的学习兴趣并加深学生对港航商务管理知识的理解与掌握。

(5)对于涉及港口与航运管理、国际航务管理、水运管理等专业岗位的实践活动教材应以岗位的操作规程为基准,并将其纳入其中。

(6)为教材配置专门的多媒体光盘,以利教学和学生自学的需要。

4.2 教学建议

(1)本课程在教学过程中,应立足于岗位职业能力的形成,注重对学生专业能力、方法能力、社会能力的培养,采用校企合作、工学结合项目教学,以任务驱动型的项目活动提高学生的学习兴趣。

(2)本课程教学须充分利用学校和企业的两种资源,学校专职教师与企业兼职教师教学相结合,采用现代多媒体教学与企业现场实践教学相结合,注重学做结合,边讲边学,教与学互动,做中学,学中做,强化学生实践能力和岗位职业能力的提高。

(3)在教学过程中,要创设工作情境,强化实际操作训练;要紧密结合职业技能证书的考核,在操作训练中,使学生掌握港航商务作业的相关知识。

(4)在教学过程中,要尽可能采用多媒体教学、仿真实训室、实训软件、实物教学、港航企业现场教学模式。

(5)尽量采用小班化教学。

(6)学校专职教师应具有"双师型"工作能力,具有与课程内容相关的港航商务业务与管理能力,从学生实际出发,因材施教,着力培养学生对本课程的学习兴趣,从而提高学生学习的主动性和积极性。

(7)企业兼职教师应具有一定的普通话基础,并掌握一定的教学、教育相关知识,在进行示范性教学时,能充分表达所教授的内容。

(8)在教学过程中辅以网络教学和暑期社会实践以进一步促进学生社会能力的形成。

4.3 教学评价

(1)改革考核手段和方法,加强实践性教学环节的考核,可采用过程考核和结果考核相结合的考核方法。

(2)由学校主讲老师和企业兼职老师结合考勤情况、学习态度、学生作业、平时测验、实验实训、技能竞赛、顶岗实习情况及考核情况,共同综合评定学生成绩。

(3)应注重对学生动手能力和在实践中分析问题、解决问题能力的考核,对在学习和应用上有创新的学生应给予特别鼓励,对学生的能力进行综合评价。

4.4 课程资源的开发与利用

(1)注重实训指导书和实验实训标准的开发和应用。

(2)注重常用课程资源的开发。充分利用挂图、幻灯片、投影片、录像带、视听光盘、多媒体软件、电子教案资源创设形象生动的工作情境,激发学生的学习兴趣,促进学生对知识的理解和掌握。建议加强常用课程资源的开发,建立多媒体课程资源的数据库,努力实现跨学校多媒体资源的共享,以提高资源利用效率。

(3)积极开发和利用网络课程资源。充分利用诸如电子书籍、电子期刊、数据库、数字图书馆、教育网站和电子论坛等网络信息资源，使教学媒体从单一媒体向多种媒体转变，使教学活动从信息的单向传递向双向交互转变，使学生从单独的学习向合作学习转变。

(4)校企合作开发实验实训课程资源。充分利用本行业典型企业的资源，加强校企合作建立校内、校外实训基地，满足学生的实习实训需求，在此过程中进行实验实训课程资源的开发，同时为学生提供就业机会，开创就业渠道。

(5)建立开放式实验实训中心，使之具备职业技能考核、实验实训、现场教学的功能，将教学与培训教材合一、教学与实训合一，满足高职学生综合职业能力培养的需求。

5. 其他

(1)在教学过程中，要求配备一定比例的兼职教师，以满足工学结合教学的需要。

(2)密切校企合作，确保工学结合教学的顺利进行。

(3)在教学过程中，要求配备一定数量的港航商务操作作业软件，以保障教学的进行。

(4)本课程适用于三年制高等职业院校港口与航运管理、国际航运管理、水运管理等专业，同时也适用于港口业务管理、港口物流管理，同时适合港航企业的培训教学。

《生产见习》课程标准

【课程名称】

生产见习

【适用专业】

水运管理、国际航运管理、港口与航运管理、港口业务管理等

【实训学时】

1 周(30 学时)

1. 前言

1.1　课程性质

本实训项目结合《交通运输地理》等专业课程实践教学要求而设计。通过本次实训,使学生熟悉港航企业基本组织结构、港口主要布局、港口主要装卸机械设备、港航企业主要业务操作软件的运用等,提高学生对本专业的认识,为学生以后的专业课程的学习打基础。

1.2　设计思路

实训项目的设计思路是以就业为导向,根据港航企业业务流程,邀请行业专家对港航企业基本组织结构、港口基本布局、港口主要装卸机械的认识、港航企业主要业务软件的操作等进行认识与操作。重点培养学生对本专业的认识、对港航企业的基本认识。

2. 课程目标

通过实训教学活动培养学生对港口的基本认识、港航企业主要业务软件的基本操作,重点培养学生对本专业的基本认识,学生通过查阅有关资料,能对港口主要布局方式、港口主要装卸设备、港航企业主要业务软件有所认识,同时通过实训培养学生的团队合作意识。

职业能力目标:

◎ 港口基本认识;

◎ 港口主要装卸设备的认识;

◎ 港航企业主要业务软件的操作;

◎ 港口基本布局的认识。

3. 课程内容与要求

本实训项目采用上机操作和港口企业现场教学相结合的教学模式,落实“工学结合、精讲多练”的措施,教学内容围绕基础性和前沿性进行,以培养学生创新思维和实践能力为目的,理论联系实际,融知识传授、能力培养和素质教育于一体,着重培养学生的基本专业素养、可持续发展能力。

序号	工作任务	知识内容与要求	技能内容与要求	活动设计(举例)	参考学时
实训项目一	港口的基本认识	掌握港口主要组成	(1)培养学生收集资料的能力; (2)培养学生对港口的基本认识	港口沙盘	6

续上表

序号	工作任务	知识内容与要求	技能内容与要求	活动设计(举例)	参考学时
实训项目二	港口主要装卸设备认识	港口主要设备类型、港口主要装卸设备的基本技术参数	学生对主要设备的识别及主要参数的分析能力	现场参观及学生通过上网查询资料对主要设备的认识	6
实训项目三	港航企业主要业务软件的操作	港航企业主要业务软件的操作	培养运用计算机对港航业务基本操作能力	计算机操作	12
实训项目四	港口布局基本认识	港口基本布局	认识港口全貌	现场参观	6
合计					30

4. 实施建议

4.1 教学建议

(1)本实训项目的教学组织过程中,应立足于岗位职业能力的形成,注重对学生专业能力、方法能力、社会能力的培养,采用"校企合作、工学结合"项目教学,以任务驱动型的项目活动提高学生的学习兴趣。

(2)本实训项目教学须充分利用学校和企业的两种资源,学校专职教师与企业兼职教师教学相结合,实际操作教学要与企业现场实践教学相结合,注重学做结合,强化学生实践能力和岗位职业能力的提高。

(3)尽量采用小班化教学,并采用分组。

4.2 教学评价

(1)改革考核手段和方法,加强实践性教学环节的考核,可采用过程考核和结果考核相结合的考核方法。

(2)由学校主讲老师和企业兼职老师结合考勤情况、学习态度、实训报告、实验实训、现场操作等情况进行考核,共同综合评定学生成绩。

(3)应注重对学生动手能力和在实践中分析问题、解决问题能力的考核,对在学习和应用上有创新的学生给予特别鼓励,综合评价学生的能力。

5. 其他

(1)在教学过程中,要求配备一定比例的兼职教师,以满足工学结合教学的需要。

(2)密切校企合作,确保工学结合教学的顺利进行。

(3)在教学过程中,要求配备一定的业务软件,以保障教学的进行。

(4)本课程适用于国际航运管理、水运管理、港口与航运管理、港口业务管理等专业,同时也适用于港口物流管理等专业。

《港口安全与环保》实训课程标准

【课程名称】

港口安全与环保

【适用专业】

水运管理、国际航运管理、港口与航运管理、港口业务管理等

【实训学时】

2周(60学时)

1.前言

1.1 课程性质

本实训项目结合《货物学》、《港口管理》、《集装箱危险货物运输管理》等专业课程实践教学要求而设计。通过本次实训,使学生熟悉港口装卸作业安全管理、港口机械装卸安全操作、港口危险货物作业安全管理以及港口生产过程中人身事故伤害的原因及预防应急措施、港口生产防污染等内容,同时掌握港口消防安全等基本技能,提高学生在港航企业工作中的安全生产管理意识,加强学生在顶岗实习及就业实习中的安全意识。

1.2 设计思路

实训项目的设计思路是以就业为导向,根据港口企业安全管理需求,邀请行业专家对港口安全管理制度、港口安全管理操作规范、港口防污染措施等方面的技能进行分析,并以此为依据确定本实训项目的任务和课程内容。重点培养学生安全生产意识、环境保护意识,以及在口生产过程中遵章守纪的职业道德。

2.课程目标

通过实训教学活动培养学生具有良好安全生产意识、环境保护意识,要求学生掌握港口生产基本劳动保护用品的使用及维护,重点是企业工作发生火灾的应急处理、化学品或油品发生泄漏时的应急处理等。学生通过查阅有关资料,能对相关企业安全生产事故的原因进行分析,同时通过实训培养学生的团队合作意识。

职业能力目标:

◎ 港口安全操作规范;

◎ 港口安全生产应急管理;

◎ 港口生产自我防护;

◎ 港口防污染措施。

3.课程内容与要求

本实训项目采用理论讲授和实际操作的结合教学、案例分析的教学模式,落实“工学结合、精讲多练”的措施,教学内容围绕基础性和前沿性进行,以培养学生创新思维和实践能力为目的,理论联系实际,融知识传授、能力培养和素质教育于一体,着重培养学生的基本专业素养、可持续发展能力。

序号	工作任务	知识内容与要求	技能内容与要求	活动设计(举例)	参考学时
实训项目一	港口安全生产规章制度	(1)掌握港口安全生产特点; (2)掌握港口企业安全生产规章制度	(1)培养学生收集资料的能力; (2)培养学生对港口安全生产意识	学生通过上网查询资料,了解我国主要港口企业安全生产规章制度	4
实训项目二	港口生产中不安全行为分析	(1)港口生产中主要不安全行为分析; (2)掌握港口安全生产中不安全行为的预防措施	(1)培养分析问题的能力; (2)培养学生对港口安全生产意识	对主要不安全行为进行评析	6
实训项目三	港口装卸作业现场安全管理	港口装卸作业现场管理规定	培养学生安全管理意识及基本技能要求	装卸作业现场安全管理操作规程	8
实训项目四	港口防污染基本技术	港口防污染技术的应用及防污染措施	培养学生的环保意识	案例分析	10
实训项目五	基本消防设施的使用	基本消防器材的使用和维护	能独立使用港口常用消防器材	实际操作	12
实训项目六	消防基本安全训练	港口安全与消防基本训练	能独立完成相关实训项目	实际操作	20
合计					60

4. 实施建议

4.1　教学建议

(1)本实训项目的教学组织过程中,应立足于岗位职业能力的形成,注重对学生专业能力、方法能力、社会能力的培养,采用“校企合作、工学结合”项目教学,以任务驱动型的项目活动提高学生的学习兴趣。

(2)本实训项目教学须充分利用学校和企业的两种资源,学校专职教师与企业兼职教师教学相结合,实际操作教学要与企业现场实践教学相结合,注重学做结合,强化学生实践能力和岗位职业能力的提高。

(3)尽量采用小班化教学,并采用分组。

4.2　教学评价

(1)改革考核手段和方法,加强实践性教学环节的考核,可采用过程考核和结果考核相结合的考核方法。

(2)由学校主讲老师和企业兼职老师结合考勤情况、学习态度、实训报告、实验实训、现场操作等情况进行考核,共同综合评定学生成绩。

(3)应注重对学生动手能力和在实践中分析问题、解决问题能力的考核,对在学习和应用上有创新的学生应给予特别鼓励,对学生的能力进行综合评价。

5. 其他

(1)在教学过程中,要求配备一定比例的兼职教师,以满足工学结合教学的需要。

(2)密切校企合作,确保工学结合教学的顺利进行。

(3)在教学过程中,要求配备一定数量的消防器材,以保障教学的进行。

(4)本课程适用于国际航运管理、水运管理、港口与航运管理、港口业务管理等专业,同时也适用于港口物流管理等专业。

《船舶积载设计》实训课程标准

【课程名称】

船舶积载设计

【适用专业】

水运管理、国际航运管理、港口与航运管理、港口业务管理等

【实训学时】

1周(30学时)

1. 前言

1.1　课程性质

本实训项目结合《货物学》、《船舶货运技术》等专业课程实践教学要求而设计。通过本次实训,使学生掌握相关专业知识并完成船舶积载的工作任务。提高学生在港口企业、船务企业进行船舶货运积载工作所具备的专业技能。

1.2　设计思路

实训项目的设计思路是以港航企业的实际工作任务为导向,根据港口配积载和船舶积载的工作要求,邀请行业专家对现代船舶积载出现的新问题,新方法进行介绍。结合真实案例作为实训的素材,合理安排时间和辅导环节,结合过程考核和结果考核,设计整个实训过程。

2. 课程目标

船舶积载设计要求学生了解船舶和货物的基础知识,对于充分利用船舶的载货能力、满足船舶稳性、强度条件、吃水差的要求和保证货运重量等方面有深入的理解;同时要求学生掌握件杂货船舶的积载计算原理,计算方法,并完成指定船舶和货物的积载任务,为本专业学生在从事货代,船务公司,船舶代理企业、港口企业打下良好的基础。

职业能力目标:

◎ 货物积载分类要求;

◎ 危险货物隔离要求;

◎ 货船基本构造;

◎ 货船积载稳性计算。

3. 课程内容与要求

时间	工作任务	知识内容与要求	技能内容与要求	活动设计(举例)	参考学时
第一天	积载船舶及货物分析	(1)货物学; (2)船舶基本构造	(1)培养学生分析货物特性的能力; (2)培养学生对船舶基本构造的了解	哪些危险货物性质相抵,不能共配一舱?	6
第二天	计算各货舱配货控制数	(1)各舱舱容比及上下限值; (2)货物配载基本原则	(1)培养学生舱容计算能力; (2)培养学生各舱配重计算能力	为什么要进行各货舱的配货控制?	6

续上表

时间	工作任务	知识内容与要求	技能内容与要求	活动设计（举例）	参考学时
第三天	货物积载初配及稳性核算	(1)初稳性计算； (2)压载水计算	培养学生对船舶静稳性参数的计算能力	横摇周期、初稳性高度、侧倾力矩的计算	6
第四天	货物积载校验及复核	稳性校核计算	培养学生稳性校核的调整计算能力	压载水的调整	6
第五天	船舶积载图绘制	积载图绘制方法	船舶积载图绘制	舱口位置货物的绘制	6
合计					30

4. 实施建议

4.1　教学建议

(1)本实训项目的教学组织过程中，应立足于岗位职业能力的形成，注重对学生专业能力、方法能力、社会能力的培养，采用“校企合作、工学结合”项目教学，以任务驱动型的项目活动提高学生的学习兴趣。

(2)本实训项目教学须充分利用学校和企业的两种资源，学校专职教师与企业兼职教师教学相结合，实际操作教学要与企业现场实践教学相结合，注重学做结合，强化学生实践能力和岗位职业能力的提高。

4.2　教学评价

在本课程教学大纲中，课程实习为必修环节。实习结束后按百分制评定成绩，并列入本人学籍档案，成绩不及格者必须重修实习。实习结束后，学生必须将船舶模型、实习报告、考勤表等交指导老师，由其进行实习综合成绩评定。

实习成绩评定内容及各占比例如下：

实习纪律	30%
任务完成情况	65%
总分数 90 分及以上者	优
总分数 80 ~ 89 分者	良
总分数 70 ~ 79 分者	中
总分数 60 ~ 69 分者	及格
总分数 60 分以下者	不及格

5. 其他

(1)在教学过程中，要求配备一定比例的兼职教师，以满足工学结合教学的需要；

(2)每日做好考勤，必须到指定教室参加实训，无故缺席取消成绩；

(3)由指导老师讲解船舶货运理论知识，完成单项训练；

(4)设计每名学生独立的积载任务，不得抄袭。

《港口装卸工艺设计》实训课程标准

【课程名称】

港口装卸工艺设计

【适用专业】

水运管理、国际航运管理、港口与航运管理、港口业务管理等

【实训学时】

1周（30学时）

1. 前言

1.1 课程性质

本实训项目结合《港口装卸工艺》、《港航商务管理》、《交通运输设备》等专业课程实践教学要求而设计。通过本次实训，使学生熟悉港口装卸工艺流程，综合分析货物种类、货物流向、货物吞吐量数据来确定港口机械设备的选型和经济评价等内容。本实训项目将使学生运用专业知识、方法来解决实际工作中出现的问题，具有很强的实用性和现实意义。

1.2 设计思路

港口装卸工艺设计是国航系学生从事港口工作后一项难度较大的工作任务。在港口工程设计中，装卸工艺设计的合理与否不仅直接影响港口码头工程建设和投资额，而且与码头建成投产后的使用效果也有密切的联系。

本实训项目的设计思路是以实际工作当中要解决的问题作为前提，根据件杂货港口装卸工艺设计要求，分析货运资料、船型资料、自然条件等情况，进行港口装卸工艺的数据计算与分析，使学生能够在给定的条件下选择技术先进、经济合理、使用方便的工艺方案。

2. 课程目标

通过实训项目，学生加深对《港口装卸工艺学》课程内容的理解，掌握港口装卸工艺设计的基本原理和方法，学会查阅港口机械及装卸工艺的相关参数资料，为从事港口企业工作打下良好的基础。

职业能力目标：

◎ 熟悉码头前沿装卸设备、堆场作业机械设备、仓储作业机械设备等；

◎ 掌握港口装卸工艺设计流程与方法；

◎ 掌握装卸工艺方案的微观经济效益指标定量分析。

3. 课程内容与要求

本实训项目采用教师讲授和学生设计两个部分组成。

3.1 实训项目工作任务清单

序号	工作任务	知识内容与要求	技能内容与要求	参考学时
1	材料分析	港口机械的分类与识别、港口装卸工艺的种类	分析给定的港口资料确定设计思路	6
2	参数查询	港口机械设备参数、港口装卸工艺流程的评价指标	查询相关数据确定计算方法	6

续上表

序号	工 作 任 务	知识内容与要求	技能内容与要求	参考学时
3	参数计算	评价指标计算方法、方案经济技术论证方法	港口装卸工艺相关参数的计算	12
4	报告撰写	报告撰写的格式要求	课程设计报告的撰写、修改	6
合计				30

3.2 实训项目设计流程

港口装卸工艺课程设计流程图如下图所示。

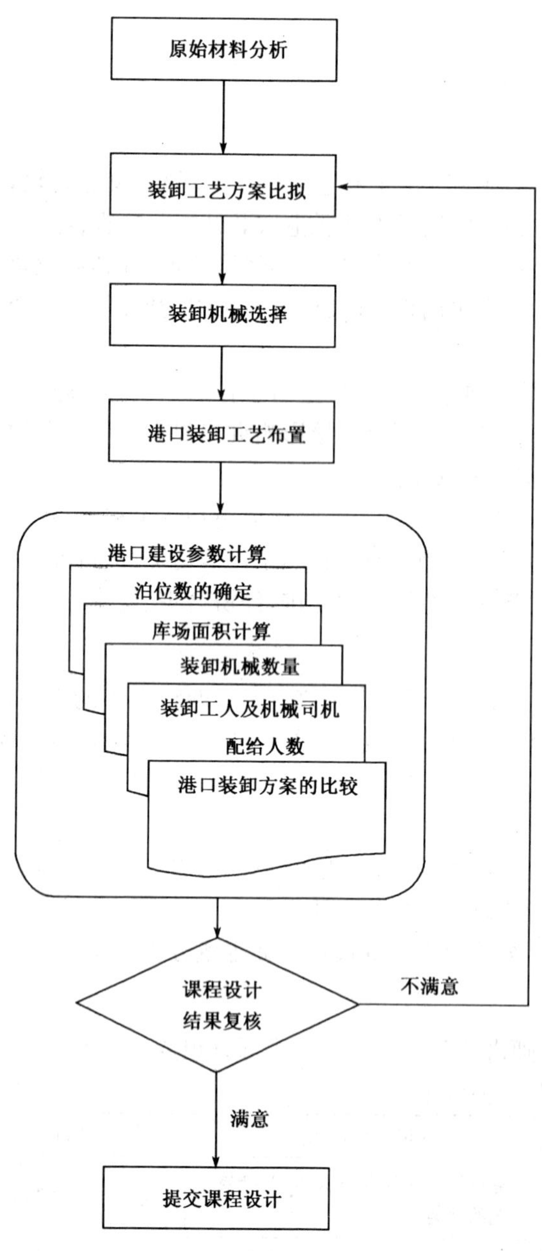

港口装卸工艺课程设计流程图

3.3 实训项目原始资料

1)货运资料

货　种	进口(万吨)	出口(万吨)	吞吐量(万吨)	备　注
钢材	15	40	55	
机床		3	3	
车辆		12	12	小汽车
件杂货		学号末两位	学号末两位	土特产、日用品、轻纺
其他		23	23	化工、小型机电设备
总计	15			

港口生产不平衡系数1.4~1.6;

入库系数:88.3%,入场系数:11.7%;

其中汽车4万吨,机床3万吨,钢材14.5万吨入场,其余入库;

货物平均堆存期 $t_{dc}=10d$

2)船型资料

代表船型为5 000吨级杂货船;

外形尺寸:长×宽×高=114.23×15.08×9.3(m^3);

满载吃水:6.6m,空载吃水:0.83m;

排水量:$\Delta_{满}=8\,383t$,$\Delta_{空}=2\,282t$;

载重利用系数:出口0.9,进口0.26。

3)自然条件

(1)地理条件。新建码头所在地纵深500m,可利用的前沿长度428m,自然岸坡度1/2.5。

(2)水文条件。

平均高水位:23.148m;

平均低水位:9.034m;

水流速度:略。

(3)气象条件:略。

4. 实施建议

4.1 教学建议

(1)本实训项目的教学负责教师应经常性前往港口企业定岗或调研,收集企业对于港口装卸工艺方案的需求和相关数据,将企业实际工作方案提炼成实训内容,强化学生实践能力和岗位职业能力的提高。

(2)教学实施主要利用避免每位学生项目雷同的情况,通过数据按学号调整进行。

4.2 教学评价

(1)改革考核手段和方法,加强实践性教学环节的考核,可采用过程考核和结果考核相结合的考核方法。

(2)由学校主讲老师和企业兼职老师结合考勤情况、学习态度、实训报告等情况进行考核,共同综合评定学生成绩。

(3)应注重对学生动手能力和在实践中分析问题、解决问题能力的考核,对在学习和应用上有创新的学生给予特别鼓励,综合评价学生的能力。

5. 其他

(1)在教学过程中,要求配备一定比例的兼职教师,以满足工学结合教学的需要。

(2)密切校企合作,确保工学结合教学的顺利进行。

《港航生产实习》课程标准

【课程名称】

港航生产实习

【适用专业】

水运管理、国际航运管理、港口与航运管理、港口业务管理等

【实训学时】

10 周 (300 学时)

1. 前言

1.1　课程性质

本实训项目是学生在三年学习过程中的一次实践性学习，是对所学专业课程的一次全面检验，学生将根据学生三年来的学习情况及对本专业相关专业知识的掌握情况，深入港航企业生产第一线各岗位进行实习。学院将聘请经验丰富的企业生产经营管理人员担任生产实习指导师傅(老师)，学生跟班实习。

1.2　设计思路

实训项目的设计思路是以就业为导向，培养学生职业能力为基本要求，根据港航企业业务流程及主要工作岗位的职业能力要求，邀请行业专家对港航企业基本业务流程、港航企业主要岗位职业能力等进行分析。重点培养学生对港航企业主要岗位的适应能力，学生通过实习能基本满足港航企业需求。

2. 课程目标

本次实习旨在培养学生理论联系实际的能力，加强对《集装箱运输业务》、《港航商务管理》、《国际航运管理》、《港口管理》、《国际货运代理业务》、《物流管理》、《国际贸易实务》等专业理论课程的相关内容的认识并实践，熟悉港航企业、货代企业、物流企业等单位的生产业务过程，使学生对本专业和企业有一个全面的认识。具体内容为：

(1)港航企业具体业务实习

①港口企业：了解港口的基本组成和港口主要装卸机械设备；港口企业信息处理系统基本操作；集装箱、件杂货的装卸工艺流程；港口商务操作，货物进出港口的货运程序；港口生产调度；港口仓储管理等。

②国际航运企业：了解船舶运行组织、船舶调度；航运企业信息处理系统的基本操作；集装箱货物进出口货运程序及主要单证的流转过程、集装箱货物的交接方式。

③国际货运代理企业：了解货运代理的基本操作，包括出口货物代理、进口货物代理、代理报关等业务；国际货运代理市场开拓；客户关系处理等内容。

④外贸企业：了解国际贸易基本业务流程，包括贸易合同谈判、外贸运输单证的制作、单证的流转程序等。

⑤港航行政管理单位：了解港航行政管理单位主要工作职责，交通综合行政执法单位的主要工作职责等。

(2)了解实习单位的生产、组织、管理、企业文化情况和特色。

(3)学习港航职工的敬业精神，培养良好的职业道德和处理人际关系的能力。

(4)学生根据自己论文选题方向，在实习期间注意收集相关资料。

3. 课程内容与要求

本实训项目采用上机操作和港口企业现场教学相结合的教学模式，落实“工学结合、精讲多练”的措施，教学内容围绕基础性和前沿性进行，以培养学生创新思维和实践能力为目的，理论联系实际，融知识传授、能力培养和素质教育于一体，着重培养学生的基本专业素养、可持续发展能力。

序号	工作任务	知识内容与要求	技能内容与要求	活动设计(举例)	参考学时
实训项目一	港口企业	(1)港口企业信息处理系统基本操作； (2)集装箱、件杂货的装卸工艺流程； (3)港口商务操作，货物进出港口的货运程序； (4)港口生产调度； (5)港口仓储管理等	培养学生适应港口企业不同岗位的职业能力	港口企业顶岗	60
实训项目二	国际航运企业	(1)船舶运行组织、船舶调度； (2)航运企业信息处理系统基本操作； (3)集装箱货物进出口货运程序及主要单证流转过程、集装箱货物的交接方式	培养学生适应国际航运企业不同岗位的职业能力	国际航运企业顶岗	60
实训项目三	国际货运代理企业	(1)货运代理的基本操作，包括出口货物代理、进口货物代理、代理报关等业务； (2)国际货运代理市场开拓； (3)客户关系处理等内容	培养学生适应国际货运代理企业不同岗位的职业能力	国际航运企业顶岗	60
实训项目四	外贸企业	国际贸易基本业务流程，包括贸易合同谈判、外贸运输单证的制作、单证的流转程序等	培养学生适应外贸企业不同岗位的职业能力	外贸企业顶岗	60
实训项目五	港航行政管理单位	了解港航行政管理单位主要工作职责，交通综合行政执法单位的主要工作职责等	培养学生适应港航行政管理不同岗位的职业能力	港航行政部门顶岗	60
合计					300

4. 实施建议

4.1 教学建议

(1)本实训项目的教学组织过程中，应立足于岗位职业能力的形成，注重对学生专业能力、方法能力、社会能力的培养，采用“校企合作、工学结合”项目教学，以任务驱动型的项目活动提高学生的学习兴趣。

（2）本实训项目教学须充分利用学校和企业的两种资源，学校专职教师与企业兼职教师教学相结合，实际操作教学要与企业现场实践教学相结合，注重学做结合，强化学生实践能力和岗位职业能力的提高。

（3）学生分组到各实习单位，定期进行岗位的轮换。

4.2　教学评价

（1）改革考核手段和方法，加强实践性教学环节的考核，可采用过程考核和结果考核相结合的考核方法。

（2）由学校主讲老师和企业兼职老师结合考勤情况、学习态度、实训报告、职业素养、现场操作等情况进行考核，共同综合评定学生成绩。

（3）应注重对学生动手能力和在实践中分析问题、解决问题能力的考核，对在学习和应用上有创新的学生应给予特别鼓励，对学生的能力进行综合评价。

5. 其他

（1）在教学过程中，要求配备一定比例的兼职教师，以满足工学结合教学的需要。

（2）密切校企合作，确保工学结合教学的顺利进行。

（3）在实习过程中，学生分散在各企业，专业教师应定期到顶岗企业，了解学生在实习中遇到的各种问题，协调学生与顶岗企业间的各种问题，以保障实习的顺利进行。

（4）本课程适用于国际航运管理、水运管理、港口与航运管理、港口业务管理等专业，同时也适用于港口物流管理等专业。

《毕业论文与答辩》课程标准

【课程名称】

毕业论文与答辩

【适用专业】

水运管理、国际航运管理、港口与航运管理、港口业务管理等

【实训学时】

6 周 (180 学时)

1. 前言

1.1　课程性质

本实训项目是国际航运系各专业学生必修的实训环节，是完成所有专业课程后，根据学生的实习工作情况展开的实践性教学环节。是对学生综合素质评价及学院人才培养成果检验的有效手段。

1.2　设计思路

学生应在指导教师的指导下，依据毕业实习阶段的工作情况，就专业领域的某一领域进行调查研究工作，收集整理并分析所取得的专业资料，在指导老师辅导下完成毕业论文的开题、初稿撰写、修改等工作。

2. 课程目标

(1)培养学生能够综合运用所学的知识(包括基础课、专业基础课、专业课等)，了解当代港口与航运的发展状况，熟悉港航业务工作的各个环节和技能要求。

(2)在指导老师的指导下，培养开展科学研究工作的初步能力。

(3)进一步深化和扩展所学的基础知识和专业知识，提高他们实际操作的能力，使之在港航业务操作、港口管理、航运管理、国际物流等方面有一次全面的总结和提高，完善自学能力和独立工作能力。

①调查研究、文献检索和收集资料的能力。

②独立开展研究、独立完成课题的能力。

③理论理解和实践分析的能力。

④逻辑思维与形象思维相结合的能力以及文字和口头表达的能力。

3. 课程内容与要求

3.1　毕业论文写作时间安排

本次毕业论文分两个阶段进行：

第一阶段：第五学期 12 月初至期末，此阶段学生在港航企业生产实习，学生在实习期间注意收集资料，选定论文写作方向。

第二阶段：第五学期期末至第六学期 3 月中旬，论文写作与答辩阶段。

具体安排如下：

(1)第五学期 12 月初至第五学期期末进行资料收集。学生在指导老师所公布的课题范围内进行选题并确定指导老师。并将根据选题情况将论文提纲上交指导老师审阅。

(2)第五学期期末至次年2月中旬完成初稿,并及时将初稿交指导老师评阅,在指导老师的指导下对论文进行修改补充。

(3)第六学期2月中旬至3月上旬完成论文定稿。

(4)第六学期3月中旬至3月下旬答辩。

答辩后上交电子稿和一式二份文字稿。

在此期间,学生应主动与自己的指导老师联系,及时得到指导老师的指导,对论文不断进行修改完善。学生可通过各种方式与指导老师联系,指导老师也应定期对学生论文的进度进行监督检查,保证学生按时完成毕业论文写作。

3.2 毕业论文的过程管理

毕业论文写作期间,由于大部分学生在港航企业顶岗实习,学生自由度较大,为保证质量,除要求教师、学生执行学校的有关规定和规范外,根据本专业的实际,将执行以下管理制度:

1)指导老师负责制

导师每周必须与学生联系两次以上(当面或电话、电子邮件等形式),学生应每周及时向导师通报论文进度。

2)工作检查制度

国航系组织实施毕业论文的初期、中期及后期检查,各指导老师应当在结束时向系主任提交检查材料电子材料。检查的主要内容包括:选题是否恰当,论文的内容与题目是否一致,基本观点是否正确;学生是否按计划完成规定的工作,所遇到的困难能否克服;学生在毕业论文工作期间的表现;教师对指导工作是否认真负责,实际指导是否符合指导计划等。

3.3 毕业论文的内容和要求

毕业论文题目原则上应在指导老师所公布的课题范围内选定,学生也可根据自己实习工作情况自行选题,但必须将选题情况及时与指导教师协商。论文要求观点明确,论据充分,文句通畅,字数4000~6000字。

(1)论文正文格式(封面格式参见附件1):

论文题目(小三黑体)

小标题(四号宋体)

班级、姓名、学号(小四宋体)

内容摘要(五号宋体)(200字左右)

关键词(五号宋体)(3~5个)

(2)正文采用小四宋体。

(3)论文最后一页列出论文所引用的参考文献,格式如:

[1]徐天芳,陈家源. 国际航运理论与实务. 北京:人民交通出版社,1999.

论文完稿后要求统一用A4纸打印一式二份并装订好,首页、正文和有关附件请按附表格式的要求打印好,并按顺序一并装订好,交论文指导老师。在论文写作期间请学生随时留意学院有关通知。详情请登录:www. gdcp. cn/jmxy 口岸商贸学院通知栏查询。

4. 实施建议

4.1 答辩安排

1)答辩时间与地点

毕业论文将于第六学期3月下旬统一答辩。具体时间和答辩地点另行通知,敬请各位学生随时注意有关通知。

学生在论文答辩前交一份论文最后完稿的电子稿到国航系。电子稿统一通过 E-mail 发送至:gdcpgjhygl@ 163. com ,同时请写清本人的班级、姓名与学号。

2)答辩要求

每个学生必须参加论文答辩,不参加论文答辩者将不记论文成绩。答辩时首先要求学生对论文的指导思想、主要内容、方案及方案的合理性、科学性作自述,然后由答辩小组成员根据论文情况分别提问、质询。提问与质询的内容为论文中的关键问题及与论文有关的基础知识、基础理论和基本技能以及答辩老师认为需要进一步说明的问题。答辩老师将答辩提纲、评语、评定作好登记,由答辩小组组长综合各答辩老师的意见后写出答辩小组意见并评定成绩。

3)答辩分组安排

第一答辩小组

第二答辩小组

第三答辩小组

4.2 成绩评定

(1)毕业论文成绩根据指导老师评定和论文答辩情况给予综合评定。评定优秀的论文不能超过学生总人数的 15% 。

毕业论文成绩评定分为五个等级:优秀(85 分以上)、良好(70 ~ 85 分)、及格(60 ~ 69 分)、不及格(59 分以下)。获优秀等级学生数不得超过本专业学生数的 15% 。

(2)分数评定标准:参照附件 2。

4.3 毕业论文选题要求

学生应根据毕业顶岗实习情况进行选题,重点是结合自己在工作中所遇到的一些问题提出自己的一些见解,也可以是对自己在工作中遇到的某个具体问题进行分析。论文要求具有原创性,可以参考别人的一些观点或资料,但禁止照搬他人论文资料,所有参考其他人资料必须在参考文献中注明出处,凡是发现直接从网上下载的论文,成绩评定一律为不及格。

附件 1　毕业论文封面及目录格式

× ×专业毕业论文(小二黑体)

论文名称：

学生姓名：

专业名称：

指导老师：

起止日期：× × × ×年× ×月至× × × ×年× ×月
（小三宋体）

目录(宋体,小三,居中)

附件2 毕业论文评价表(指导教师用表)

二级学院:口岸商贸学院　班级:__________　学生姓名:__________　学号:________

毕业论文题目							
评价项目			A	B	C	D	小计
开题	01	及时开题及开题报告质量	□5	□4	□3	□2	
能力水平	02	研究方案设计能力	□5	□4	□3	□2	
	03	解决问题能力(研究方法和手段的运用能力)	□10	□8	□6	□4	
	04	文献综述能力	□5	□4	□3	□2	
	05	查阅处理文献资料能力	□5	□4	□3	□2	
	06	提出的问题解决方法的实际可行性	□5	□4	□3	□2	
	07	计算机应用能力(数据计算与处理能力)	□5	□4	□3	□2	
	08	综合运用知识的能力(对研究结果理论运用与分析能力,设计涉及学科范围,内容深广度及问题难易度)	□10	□8	□6	□4	
成果质量	09	图表质量	□5	□4	□3	□2	
	10	论文写作水平(语言表达与文字运用)	□5	□4	□3	□2	
	11	写作规范(格式与规范)	□5	□4	□3	□2	
	12	篇幅	□5	□4	□3	□2	
	13	创新性与实际指导意义	□5	□4	□3	□2	
答辩水平	14	熟悉论文,准备充分,表达流畅	□10	□8	□6	□4	
	15	回答问题有理论依据,概念清楚,准确深入	□5	□4	□3	□2	
整体印象	16	工作严谨、认真诚实,学习态度好,严守纪律	□5	□4	□3	□2	
	17	对自己的工作量要求饱满,能很好地按进度完成	□5	□4	□3	□2	
评定成绩(百分制)			合计				
评语	(如不够填写,可另附纸)						

指导教师(签字):____________　年　月　日

答辩组教师(签字):____________________　年　月　日